螺锁式连接预应力混凝土异型桩

齐金良　俞　峰　周兆弟　岳增国　陈　鑫　著

中国建筑工业出版社

图书在版编目（CIP）数据

螺锁式连接预应力混凝土异型桩/齐金良等著．—
北京：中国建筑工业出版社，2021.7（2022.4重印）
ISBN 978-7-112-26333-2

Ⅰ.①螺… Ⅱ.①齐… Ⅲ.①预应力混凝土-混凝土
管桩-研究 Ⅳ.①TU473.1

中国版本图书馆 CIP 数据核字（2021）第 136674 号

本书系统地总结了国内外先张法预应力混凝土异型桩的技术进展与工程实践
经验，全面地阐述了先张法预应力混凝土异型桩的生产、理论分析、性能试验、
施工工艺及工程应用，充分反映了国内外先张法预应力混凝土异型桩技术的当前
水平和发展趋势，以满足先张法预应力混凝土异型桩生产、应用的需要。全书共
8 章，由概述、力学性能、竖向承载特性、沉降计算、耐久性、施工工艺、工程
应用及总结展望构成。

本书适合桩基工程、建材、结构工程等领域的高校教师、学生和工程技术人
员阅读，也可作为相关专业的参考教材。

责任编辑：刘瑞霞
责任校对：张惠雯

螺锁式连接预应力混凝土异型桩

齐金良　俞　峰　周兆弟　岳增国　陈　鑫　著

*

中国建筑工业出版社出版、发行（北京海淀三里河路 9 号）
各地新华书店、建筑书店经销
唐山龙达图文制作有限公司制版
北京同文印刷有限责任公司印刷

*

开本：787 毫米×1092 毫米　1/16　印张：14　字数：349 千字
2021 年 8 月第一版　　2022 年 4 月第二次印刷
定价：**50.00** 元
ISBN 978-7-112-26333-2
（37838）

序　一

　　早期的基础桩多采用原木插入土中以支承房屋，遗址出土的大量木结构遗存证实，我国木基桩的应用可追溯到数千年以前。直到 19 世纪后期，钢、水泥、混凝土和钢筋混凝土的相继问世和大量使用，使得制桩材料和相应工艺发生了根本性的变化，从而促进了桩基础的迅速发展。

　　混凝土预制桩具有桩身质量可控、工期短、价格低等优点，一直以来都是软土地基桩基工程中的主要应用桩型。在各类混凝土预制桩中，预应力离心混凝土管桩从 1990 年代开始在中国的应用渐广，时至今日，中国已成为此类桩型应用最多的国家。然而，混凝土管桩也存在单桩承载力不够高、端板接头连接性能可控性及耐久性差等问题，2009 年还出现了上海莲花河畔管桩基础折断、在建楼房整体倾覆的事件。如何扬长避短，以需求为导向，对预应力离心混凝土管桩作优化改进，是近十年来桩基工程界科技创新的热点之一。

　　螺锁式连接预应力混凝土异型桩正是在这样的背景下应运而生的。顾名思义，该类桩的外截面形式非圆非方，而采用纵横向加肋或纵向变截面的方式，以提升桩侧摩阻力；其接桩方式摒弃了钢制端板，改用螺锁扣接，兼具接桩可靠性、施工便利性和经济性。在建筑工业化兴盛的当下，螺锁式连接预应力混凝土异型桩正日渐成为地下工程工业化建造的一种新兴构件，在建筑、桥梁、港口、岸坡等桩基工程中得以规模化应用。

　　该书以螺锁式连接预应力混凝土异型桩为分析对象，按桩型发展和特点、承载力设计、沉降计算、耐久性评价、施工工艺、工程应用的逻辑顺序展开，概括凝练了作者团队和其他学者、工程师在相关领域的近期研究成果。纵览全书，有两个较明显的特色：一是始终围绕该种桩型的特殊构型展开分析，二是高度重视科学研究来自工程并服务工程的重要性。除了桩身截面和连接形式方面的创新，相对传统预制桩理论而言，该书着重考虑了截面形式的影响，对圆形桩-桩周土模型进行修正，提出了承载力设计和沉降计算的相应方法；还考虑了螺锁式连接特殊构造形式，针对接头节点的抗拔、抗剪、抗腐蚀性能进行评估。

　　作为一种相对新颖的桩型，其实践往往早于理论，该书的出版可谓恰逢其时，能为螺锁式连接预应力混凝土异型桩的标准化和进一步推广应用提供有力支撑。特别是对从事桩基工程设计的读者，该书或能成为螺锁式连接预应力混凝土异型桩科学化设计的重要知识储备。

　　是为序。

中国建筑设计研究院有限公司总工程师
全国工程勘察设计大师
2021 年 7 月

序　二

　　螺锁式连接预应力混凝土异型桩是一种将螺锁式接头与异型桩相结合的新型预应力混凝土预制桩。螺锁式接头与传统的法兰式接头及常用的焊接接头相比，具有快捷、简便、易于保证接头质量的优点；已有的对比试验分析表明，异型截面（横向、纵向）预应力混凝土预制的单位承载力造价低于传统的等截面、等桩径的预应力混凝土预制桩；螺锁式接头与异型截面（横向、纵向）预应力混凝土预制桩的结合，使得该桩型具有更适宜于桩长调整及方便吊装的优点。相信该书的出版一定会对螺锁式连接预应力混凝土异型桩的推广应用起到积极的推动作用，也希望作者通过后续的深入技术研发和工程应用经验的积累，对该桩型不断进行优化改进。

中国建筑科学研究院地基基础研究所所长　高文生

2021 年 7 月 22 日

前　言

随着经济发展和城镇化进程的推进，工业与民用建筑、公路、铁路、桥梁、码头、军事设施等大规模建设，对桩的性能提出了更多元化的要求，各种桩型应运而生。先张法预应力混凝土异型桩因其承载能力高、施工速度快、耐久性强等优点被广泛应用。目前，异型桩已广泛应用于各类建（构）筑物的基础工程中，如高层建筑、公共建筑、一般工业与民用建筑、港口、码头、高速公路、铁路、桥梁、护岸等领域。大量的工程建设，也给先张法预应力混凝土异型桩的技术发展提供了广阔的舞台，在生产、设计、施工、理论研究等方面均取得了长足的进步，并积累了丰富的经验。

为了系统地总结国内外先张法预应力混凝土异型桩的技术进展与工程实践经验，全面地阐述先张法预应力混凝土异型桩的生产、理论分析、性能试验、施工工艺及工程应用，充分反映国内外先张法预应力混凝土异型桩技术的当前水平和发展趋势，满足先张法预应力混凝土异型桩生产、应用的需要，组织相关专家编制本书。

全书共8章，由概述、力学性能、竖向承载特性、沉降计算、耐久性、施工工艺、工程应用及总结展望构成。

本书适合桩基工程、建材、结构工程等领域的高校教师、学生和工程技术人员阅读，也可作为相关专业的参考教材。

本书由兆弟集团有限公司齐金良、周兆弟、岳增国和浙江理工大学俞峰、陈鑫共同完成。全书编写分工如下：全书章节安排及统稿由齐金良、俞峰、周兆弟负责，第1、6、7章由齐金良执笔，第3、4章由俞峰、陈鑫执笔，第2、5、8章由岳增国执笔。钱力航、金伟良、高文生、肖志斌、赵宇宏、金如元、刘兴旺、杨成斌、郭杨、蒋元海、熊厚仁、龚顺风、陈旭伟、邓铭庭、陈春来、童磊、郭健、梁耀哲、韩振林、赵竹占、陈赟、陈刚、张中杰为本书的完成提供了大力支持和帮助，在此深表感谢。参与本书工作的还包括：周开发、周继发、林鹏、张国发等。

虽然在本书编写过程中，力求准确、全面地反映国内外先张法预应力混凝土异型桩技术进展，但由于时间仓促，作者水平有限，书中难免有错漏之处，恳请广大读者批评指正。

编　者

2021 年 1 月

目　录

目录

第 1 章　机械连接预应力混凝土异型桩概述

1.1　预应力混凝土异型桩的产生

随着经济发展和城镇化进程的推进，工业与民用建筑、公路、铁路、桥梁、码头、军事设施等大规模建设，传统的预应力管桩由于质量容易保证、施工快、周期短等特点，应用范围越来越广。

端板及桩套箍是预应力管桩桩身的关键部位。从制作角度讲，端板主要起到张拉锚固的作用，而桩套箍主要起到制止混凝土在高速离心时漏浆的作用。从施工的角度来讲，端板主要起到使上下桩焊接连为一体、同时扩充桩端截面的作用。

但是，端板及桩套箍在管桩制作与施工方面存在很多弊病。从制作角度分析，存在以下缺点：

1）在安装端板时，必须将钢筋笼端部 200～300mm 的螺旋筋全部撬散才能装上端板；同时还必须将主筋镦头敲到端板镦头孔内，大大增加了工作量。

2）经撬散后的螺旋筋，即使采用扎丝绑扎，在混凝土布料时，混凝土仍会对螺旋筋产生压阻力而使螺旋筋移位；张拉后主筋延长，但不能带动螺旋筋复位，造成距端部 200～300mm 无螺旋筋现象，存在打桩施工时桩帽被打碎的隐患。

3）由于端板上的张拉螺丝孔与镦头孔位置不在同一部位，造成张拉时张拉力与主筋受力不在一条直线上。

4）端板在制作过程中，无论张拉螺丝孔距还是丝牙的尺寸，时常出现偏差，造成端板安装困难甚至无法安装；张拉时，丝牙易拉滑，可能造成管桩报废。

5）钢筋笼制作过程中，钢筋下料及镦头尺寸误差难以有效控制，易造成张拉时管桩脱头，断筋时有发生；一旦一根主筋断筋，就会造成张拉板丝杆以及端板变形，直至造成管桩端面倾斜，使管桩在施工时端面偏心受力，带来不利后果。

6）混凝土布料时，由于桩套箍的原因，桩端 200mm 范围内混凝土无法放到位，必须采用人工，用钢筋撬到位，造成桩端部混凝土级配发生变化，降低了混凝土强度。

7）桩端板及桩套箍暴露在外，经过雨水冲刷及空气氧化反应后造成锈蚀；影响桩的外观质量，无法直观地观察到桩端面混凝土的密实度。

从施工角度分析，存在以下不足：

1）接桩时必须在端板处采用三次满焊，大大延长工作时间；同时焊接质量无法保证，如果遇到雨天或地下水位高的场地，由于冷却不到位，造成水淬火现象，影响管桩接头质量。

2）端板焊接高温传递到端板与预应力钢棒镦头连接处及端头混凝土，造成预应力钢棒及混凝土损伤，强度降低。

　　3）端板金属件外露，在腐蚀环境下接桩处耐久性无法保证。

　　4）端板易锈蚀无法保证焊接质量；从环保角度讲，施工时焊接对环境及操作工身体有不利影响。

　　根据浙江省质量监督管理局于 2006 年 5 月份对 33 家先张法预应力混凝土预制桩企业的检查，发现其中符合标准要求的企业仅有 3 家。激烈的市场价格竞争使得一部分企业走向偷工减料的歪道，从而造成了工程安全隐患。因此，在传统预应力管桩的基础上进行制作工艺的改进，能保证预制桩的制作质量和施工质量，有利于降低工程造价，提高工程安全性。

　　作者通过调查研究，对传统管桩桩身截面形式及连接方式进行了改进和优化，研发出机械连接预应力混凝土异型桩（图 1.1）。从应用层面讲，机械连接预应力混凝土异型桩具备传统管桩质量易保证、施工速度快的优点，同时进一步改善了传统管桩在制作、施工方面的不足之处。

图 1.1　机械连接预应力混凝土异型桩

　　预应力混凝土异型桩是以钢筋、混凝土为主要原料，掺合适量的混合料，经过捣实成型和蒸汽养护而成，桩身横向外轮廓为非圆形、非正方形或纵向变截面，具有高强度和高性能的一种独特桩型，其具有如下优点：

　　1）单桩承载力高。由于预应力混凝土异型桩桩身变截面，增加了桩土之间的机械咬合力，使桩身侧阻力有了显著提高，所以预应力混凝土异型桩的承载力一般比同等条件的管桩、方桩、沉管灌注桩和钻（冲）孔灌注桩更高。

　　2）设计选用范围广。由于预应力混凝土异型桩尺寸规格多，单桩承载力从 600kN 至6000kN 不等，既适用于多层建筑，也适用于 50 层以下的高层建筑；在同一建筑物中，还可采用不同直径的异型桩，容易解决布桩问题，还可充分发挥单桩承载力，使桩基沉降分布更均匀。

　　3）对桩端持力层起伏变化大的地质条件适应性较强。原因在于，预应力混凝土异型桩的桩节长短不同，搭配较灵活。

　　4）单位承载力的造价便宜。预应力混凝土异型桩每米造价比传统管桩低，比沉管灌注桩高，但单桩承载力更高；预应力混凝土异型桩单方混凝土造价比挖孔桩、钻孔桩高，但每吨承载力的造价在一般情况下最低。

5）运输吊桩方便，接桩快捷。

6）成桩长度不受施工机械的限制。成桩长度短则 5～6m，长则 60～70m，可根据地质条件灵活搭配。

7）施工速度快、工效高、工期短。从生产到使用的最短时间只需三四天；对一栋建筑面积 2 万～3 万 m² 的高层建筑，一个月左右便可打完桩，两三个星期便可测试检查完毕。

8）桩身耐打，穿透力强。异型桩桩身强度高，桩身外部结构合理，有一定的预压应力，桩身可承受重型柴油锤成百上千次的锤击而不破裂，且可穿透 5～6m 厚的密实砂夹层。

9）施工文明，现场整洁。由于接桩时采用机械快速接桩法，不用焊接接桩。

10）成桩质量可靠。异型桩是工厂化生产，桩身质量好，耐打性好，成桩质量可靠。

1.2 预应力混凝土异型桩应用现状

1.2.1 预应力混凝土异型桩发展历程

工程建设的快速发展对桩的性能提出了更多元化的要求，各种桩型应运而生。预应力混凝土异型桩因其承载能力高、施工速度快、耐久性强等优点被广泛应用。目前，异型桩已经广泛应用于各类建（构）筑物的基础工程中，如高层建筑、公共建筑、一般工业与民用建筑、港口、码头、高速公路、铁路、桥梁、护岸等领域。

1. 国外发展情况

迄今为止，国外预应力混凝土异型桩的发展经历了一百多年的历史。1894 年 Hennebigue 发明了预制混凝土桩，1906 年，出现了采用配螺旋筋的混凝土桩，开始设计桩的形状并使用三角形、正方形、六角形、八角形。1915 年，澳大利亚人 W. R. Hume 发明了用离心密实混凝土的成型方法，由于该工艺简单、混凝土质量好，很快被日本、美国和欧洲国家应用于制造环形管桩、圆锥形桩、竹节形桩及各种管子和混凝土电杆。

日本地处地震多发地带，同时也是预应力混凝土异型桩开发应用最早的国家。1925 年开始制造钢筋混凝土管桩；1934 年开始制造离心混凝土管桩（RC 管桩），开发初期，用先张法和后张法同时生产预制桩，后来以先张法生产工艺为主；1962 年开发了预应力管桩（PC 管桩），异型预应力钢筋（ULBON）的开发应用进一步促进了管桩的发展；1970 年又开发了离心预应力高强度混凝土管桩（PHC 管桩）；1972 年开发了钢管混凝土桩（简称 SC 桩），该桩型具有良好的受剪承载力和轴向承载力；1977 年日本开始生产降低负摩擦桩，旨在增大桩身摩擦力和桩端承载力，适用于软土地基；1979 年扩底 PHC 桩（ST 桩）投入生产；1981 年开始生产竹节桩（带节 PHC 桩）；1983 年开发了 PRC 桩和 PRC 竹节桩；1985 年日本已形成离心法工业化生产的直径 1000～1500mm、长 15～20m、混凝土强度等级 C50～C80 的钢管混凝土桩。20 世纪 70 年代日本还研制开发了加压成型的、非蒸压养护的三种预应力高强混凝土板桩，与钢板桩相比，可节约大量的钢材，还具有较好的耐久性。同时期，苏联也研究与使用了钢纤维钢筋混凝土桩。试验表明，掺有钢纤维的桩头比一般混凝土桩头的抗冲击能力提高 2.7～8.3 倍，比钢筋混凝土桩提高 1～4 倍。目前，日本有 RC 管桩、PC 管桩、PHC 管桩、SC 钢管混凝土桩、AG 竹节管桩和

AHS-ST 大根柱管桩。

1955 年，日本制定了《离心力钢筋混凝土基础桩》JISA 5310 标准；1968 年，日本制定了《先张法离心预应力混凝土管桩》JISA 5335 标准；1964 年，日本开发了异型预应力钢筋（ULBON），并于 1971 年制定《PC 钢筋》JISG 3109 标准；1982 年，日本制定了工业标准《先张法离心高强度混凝土管桩》JISA 5337，并统一列于日本的 PHC 标准中（JISA 5337）；1987 年，日本对《先张法离心预应力混凝土管桩》JISA 5335 和《先张法离心高强度混凝土管桩》JISA 5337 两项标准进行了修订；1993 年，对《先张法离心高强度混凝土管桩》JISA 5337 进行了修订，原 JISA 5335 标准予以废止；1994 年，日本对《PC 钢筋》JISG 3109 进行修订，成为《细直径异型 PC 钢棒标准》JISG 3137-1994；2000 年，日本在 JISA 5337-1993 的基础上修订了《预制预应力混凝土制品》JISA 5337-2000，将竹节桩、ST 桩、PRC 桩并入其中，后在 2004 年和 2010 年进行再次修订，形成最新标准《预制预应力混凝土制品》JISA 5337-2010。

2. 国内发展情况

我国从 20 世纪 50 年代开始试生产异型桩，当时主要用于铁道桥梁工程的基础建设，在结构上主要考虑疲劳强度和瞬间冲击疲劳，同时较多考虑侧向作用力，这些桩在使用上大多以摩擦桩为主。随着改革开放和经济建设的发展，异型桩开始大量地从铁道系统扩大到建筑、冶金、港口、公路等领域。为提高软土基础的桩基承载能力，2003 年，浙江天海管桩有限公司研发了一种具有自主知识产权的高强混凝土离心型——无端板增强先张法预应力高强混凝土管桩，2004 年应用于实际工程，并于 2007 年通过了浙江省建设厅科研成果的验收。2003 年云南地区针对软土地基管桩承载能力不能发挥且挤土效应严重的问题，开始探索研制新型桩型，先后研制了三角形、十字形、六边形、齿形（桩身截面正方形和圆形）等预应力离心混凝土桩。2012 年，江苏连云港东浦管桩有限公司研制开发了八角形预应力离心混凝土桩。2019 年，兆弟集团研制开发了组合地模生产的螺锁式预应力混凝土异型实心方桩，进一步提高了生产效率，扩大了异型桩的应用范围。

在技术标准方面，2008 年浙江省颁布了浙江省建筑标准设计图集《增强型预应力混凝土离心桩》（2008 浙 G32），此后 2013 进行了修订，图集名称改为《机械连接先张法预应力混凝土竹节桩》（2013 浙 G32）。2012 年，云南省颁布《砂衬齿形桩应用技术规程》DBJ 53/T-43-2011。为推广异型桩，江苏、上海、安徽、河北、山东、福建、中南地区等省市也编制了地方图集。2014 年发布国家产品标准《先张法预应力离心混凝土异型桩》GB 31039-2014，对异型桩定义、类型、原材料、构造、生产、质量检验等技术内容进行了规定，保证了异型桩的产品质量，促进了异型桩的推广应用和行业的健康发展。2017 年，行业标准《预应力混凝土异型预制桩技术规程》JGJ/T 405-2017 颁布实施，对预应力混凝土异型预制桩的设计、施工、检测与验收进行了规定，规范了异型桩的应用。

经过 20 多年的发展，我国预应力混凝土异型桩技术日益成熟，预应力混凝土异型桩广泛应用于公路、桥梁、港口码头、工业与民用建筑、机场、铁路等工程中，成为一种重要的应用桩型。截至 2020 年底，全国预应力混凝土异型桩年产量已达 1500 万 m 以上，其中预应力混凝土异型桩主要生产企业兆弟集团有限公司已位列全国预制桩产量前五位。预应力混凝土异型桩的使用地区也由最初的长三角地区（江苏、浙江、上海）扩展到安徽、山东、河北、辽宁、福建、湖北等地区。

3. 接头连接技术发展

由于生产、运输等原因，预制桩单节桩长受限，单节桩长往往不能满足设计需要，因此需要进行现场接桩。接桩类型和接桩质量直接影响预制桩的承载能力，大量工程实例表明，预制桩接头是整个桩基础中最薄弱的环节，因此桩接头的选择对接桩质量具有重要意义。

预应力混凝土预制桩接桩早期采用法兰式接头接桩。法兰式接头接桩主要由法兰盘和螺栓组成，即将两根桩各自固定一个法兰盘，法兰盘之间加上法兰垫，用螺栓紧固并焊死，最后在法兰盘和螺栓外露部分涂上防锈漆或防锈沥青胶泥。法兰式接头接桩制作工艺复杂，用钢量大，随着施工质量要求的提高逐渐被淘汰，硫磺胶泥粘结方式、焊接方式以及近年发展快速的机械连接接头逐渐取代法兰式接头接桩。目前应用最广泛的是焊接接桩，在上下两节桩端部四角侧面及端面预埋低碳钢钢板进行对角对称施焊，适用于各类土层，但每个接头焊接和自然冷却约需 30min，耗时长，且焊接质量不稳定。为了顺应工程建设需求，快速机械连接接头因施工便捷、质量可靠等优势迅速发展，应用于基础工程中，主要有螺锁式机械连接接头、啮合式接头、挤压套筒接头等。

1.2.2 预应力混凝土异型桩国内外研究现状

1. 承载力特性

随着地上建筑荷载的增加，对地基承载力要求越来越高。国内外学者对预应力混凝土桩的承载性状进行了大量的比较研究。

Yamagata 等（1982）通过模型试验得到了竹节桩的摩阻力及竖向静载试验数据。

Ogura 等（1988）通过足尺模型试验，证实了承载力的提高归功于节部的作用，并利用弹性理论得到了荷载-沉降曲线和轴力分布图。

徐攸在（1991）和史玉良（1992）通过天津软黏土中的现场静载试验研究，得到竹节管桩和普通管桩的桩侧摩阻力分布曲线及桩顶、桩端的荷载-沉降关系曲线。试验结果表明竹节桩的桩侧摩阻力可以提高 50%，极限承载力约为其他桩的 1.5～2.5 倍。认为竹节桩适合于摩擦桩，对抗震有利。

S. Yabuuchi & H. Hirayama（1993）进行了砂土中 7 根不同节点数目的节桩室内竖向抗压模型试验。试验证明，极限承载力对应的沉降值与节间距和地质条件有关，所设节部对桩侧摩阻力的发挥具有很大的贡献，桩端附近所设的节部可以作为桩端的一部分承担桩端阻力。相同的外径，竹节桩的抗压和抗拔承载力都要优于普通的管桩。

冯忠居（2002）在室内进行了扩大头带肋（翼板）填砂预应力管桩的模拟试验。由于对预应力混凝土的桩侧和桩端采用压浆技术，会在桩侧和桩端形成一层硬壳层，强化了桩侧和桩端土的强度特性，使桩与桩侧介质间的剪切滑移发生在压浆混凝土与桩侧土介质之间，相当于增加了有效桩径，进而提高了桩的总侧阻力；桩端土层的强化，使桩端阻力大大提高。

黄敏（2005）在温州进行了带翼板预应力混凝土管桩和普通管桩的静荷载试验，得到了带翼板预应力混凝土管桩受荷时的桩身轴向力、桩侧摩阻力及桩身位移等资料。并且建立了带翼板预应力管桩的承载力设计值简化计算公式。

俞峰等（2005）在考虑高应力下砂性土强度指标衰减和高密度下增长的基础上，对

Vesic 解答进行改进，利用改进后的空扩张解来模拟砂性土中桩端荷载-沉降曲线，并通过现场试验与模型计算结果进行对比，取得了一致规律。

沈文水等（2005）研究了一根长 41.5m 的静压 H 型钢桩在砂性土中的压桩及其荷载传递规律，试验结果表明，端阻力随外加荷载的增加而增加，超载预压法适用于偏砂性的填海区压桩。

Yang 等（2006）通过现场试验研究 H 型钢桩在砂土场地的承载力性能及荷载传递规律。

Daisuke Shoda（2007）进行了竹节桩、普通管桩及 MS 桩（施工现场采用带有多个旋转页片的钻杆将土与水泥浆混合，形成沿桩身一定间距带有凸肋和凹肋的圆柱形桩）分别在硅砂和风化花岗岩地质中，不同入土深度的模型试验，阐明了 MS 桩的承载机理。试验中改变 MS 桩的两种直径的长度比例，得到了 MS 桩的凹部桩身的长短不同，承载机理也不尽相同的结论。

Yu（2009）通过两根 H 型钢桩在密集砂土中的静载试验，研究不同荷载水平下桩的荷载传递和沉降特性。

Yu 等（2011）建立了由 1013 根桩组成的数据库，对粉质土中 PC 管桩和 PHC 管桩进行分析，并通过实例分析验证经验分析法的适用性。此外，Yu 等（2012）还提出了一种新的计算砂土中桩基承载力的方法。

Liu 等（2013）通过研究 1228 个顶压混凝土管桩的现场荷载试验数据，建立了顶压最终力与极限承载力之间的经验关系。

2. 耐久性研究现状

目前，预应力混凝土异形桩应用广泛，但地下结构易受地下水侵蚀，受氯离子、硫酸根离子及冻融条件影响，造成混凝土破坏及钢筋锈蚀，影响建筑物的安全使用，因此预应力混凝土异型桩的耐久性备受关注。

张季超等（2011）分析了工程中的耐久性问题及处理方法，列举影响耐久性的因素，通过正交试验探究多因素对预应力混凝土管桩耐久性影响的研究方法。

薛利俊等（2013）从抗氯盐侵蚀、抗冻性角度研究了三种不同养护方式对 PHC 管桩耐久性的影响，结果表明二次蒸养和免蒸压工艺养护条件下生产的 PHC 管桩符合国际耐久性要求。

艾利涛（2013）研究了压力作用下裂缝对管桩性能的影响，并分别浸泡在空气、自来水、盐水三种液体中。试验结果表明，随着压应力的增加，裂纹数增多，管桩的抗氯离子性能下降。

何友林等（2016）通过抗氯离子渗透试验、抗硫酸盐侵蚀试验及抗冻试验对比了两种不同混凝土桩的耐久性能，并通过改变混凝土配合比的方式改进 C80 蒸压管桩混凝土的抗氯离子渗透性能，结果表明两种桩都表现出良好的抗硫酸盐侵蚀性能，而 C80 蒸压管桩混凝土抗冻性能较差，而免蒸压管桩表现出良好的抗冻性。

吴锋等（2016）通过室内试验获得了确定预应力混凝土管桩耐久性退化边界条件，通过现场试验建立了耐久性退化模型，对预应力混凝土管桩的耐久性设计、维护和使用具有指导意义。

王成启等（2017）通过优选原材料和配置超早强混凝土，选用合适的养护温度，对

PHC 管桩生产工艺进行改进，通过抗压强度、劈拉强度和弹性模量、RCM 法及 SEM 扫描电镜等试验，开发出一种免压蒸高耐久性 PHC 管桩生产技术，并应用于实际工程中，为工程实践提供经验指导。

汪加蔚等（2018）分析了不同环境下的混凝土结构腐蚀机理，提出 PHC 管桩耐久性设计方法，以保证结构坚固耐久。

柯宅邦（2019）探讨海水对管桩的腐蚀机理，海水中硫酸根离子和氯离子与管桩混凝土和内部钢筋发生反应导致管桩承载性能下降，并提出通过增加混凝土表面涂层保护、添加钢筋阻锈剂等方法增强管桩耐久性。

李双营（2019）认为混凝土腐蚀分为物理侵蚀和化学侵蚀，物理侵蚀是指盐湖地区的部分硫酸盐通过盐结晶膨胀，导致混凝土开裂；化学侵蚀是指水泥中的相关成分与硫酸盐反应生成具有一定膨胀性的产物，从而导致混凝土开裂。应在设计混凝土的同时做好防腐设计，增强桩基的耐久性。

3. 接头连接研究现状

实际工程中，单根桩长无法满足工程需求，需接桩来满足实际工况。异型桩接头是桩基础中最薄弱的环节，接桩类型和接桩质量是影响桩身承载力的关键因素。因此，许多学者对异型桩接头展开了研究。

吕西林等（1991）结合实际工程，通过桩接头弯矩和剪力分析及振动台试验、静力试验分析硫磺胶泥桩接头的抗震性能。

张勇等（2009）基于焊接接桩的温度对混凝土易造成伤害，直接焊头容易造成应力集中等问题，提出一种新型 U 形管桩接头，通过试验确定环板长度及厚度，最后通过抗拉、抗弯试验进行验证，保证其综合性能满足工程实践需求。

许璋珉（2009）结合实际工程，介绍了 PHC 管桩接头加固措施，通过接头部位设置钢筋混凝土栓塞的方法加固管桩接头，以期提高桩身承载力要求。

李正印等（2011）建立了管桩接头模型，模拟计算管桩桩顶速度响应，并通过现场试验对比实测曲线和拟合曲线，证实模型的正确性。

梁槟星等（2012）基于地下环境对管桩的腐蚀作用，提出一种 PHC 管桩防腐法兰接头，根据地下环境的不同，涂覆不同级别的防腐涂层，以达到地下防腐的效果，增强其耐久性。

杨帆等（2017）通过抗拉试验研究复合混凝土预制方桩接头的抗拉性能，采用裂缝测宽仪记录裂缝宽度，数码摄像装置记录裂缝分布，发现试件接头在到达极限承载力时并未发生损坏，桩身裂缝分布均匀。

徐铨彪等（2017）提出复合配筋混凝土预制方桩，通过足尺度抗弯性能试验证明方桩具有良好的抗裂性能、抗弯承载力和变形延性。并提出端板焊接加绑焊角钢相结合的增强型连接接头，采用足尺度抗弯性能试验测试增强型连接接头的抗弯承载力、变形延性及破坏特征。

路林海等（2018）监测位移、混凝土应变、桩接头应变和桩身裂缝宽度及高度的变化，分析了预制方桩的抗弯刚度、混凝土应变、纵筋应力和裂缝宽度变化、方桩桩接头应变及跨中挠度变化规律，研究预制方桩的承载性能。并通过建立数值模拟模型阐述桩接头受力机理，分析桩接头的受弯承载力。

王丽莉等（2019）分析了传统 PHC 管桩碗形接头易发生断桩的原因，提出两种不同的碗形端头优化方案，通过建立计算模型对两种碗形端头进行静力分析和动力分析对比，选定最优碗形端头方案。

1.3　预应力混凝土异型桩的技术要求

1.3.1　桩的分类

预应力混凝土异型桩按截面形式可分为异型方桩、异型管桩、T 型桩、六角桩、八角桩、扩头桩等；按截面结构可分为实心异型桩和空心异型桩；按混凝土等级可分为预应力混凝土异型预制桩和预应力高强混凝土异型预制桩。

1. 异型方桩

预应力混凝土异型方桩（又称"竹节方桩"图 1.2 和图 1.3）是指桩身截面沿轴线方向有间隔突起的正方形截面的先张法预应力混凝土预制桩。

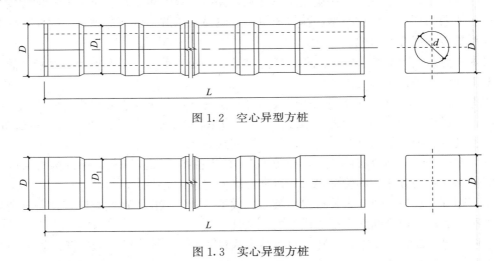

图 1.2　空心异型方桩

图 1.3　实心异型方桩

2. 异型管桩

预应力混凝土异型管桩（又称"竹节桩、增强型桩"，图 1.4 和图 1.5）是指桩身截面沿轴线方向有间隔突起的圆形截面的先张法预应力混凝土预制桩。异型管桩按混凝土强度等级可分为预应力混凝土异型管桩（SPC）和预应力高强混凝土异型管桩（SPHC）；SPC 桩混凝土强度等级不应低于 C65，SPHC 桩混凝土强度等级不应低于 C80。其最大外径有 300mm、350mm、400mm、450mm、500mm、550mm、600mm、650mm、

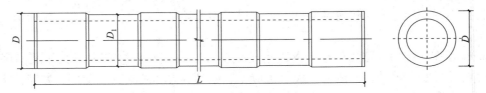

图 1.4　异型管桩（不带纵向肋）

700mm、800mm、900mm、1000mm、1200mm 等。异型管桩按混凝土有效预压应力值可分为 A 型、AB 型、B 型和 C 型，其有效预应力值应分别为 4MPa、6MPa、8MPa 和 10MPa，其计算值不应小于规定值的 95％。

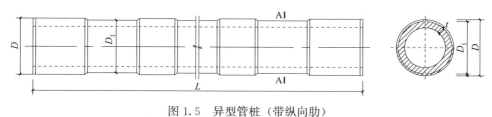

图 1.5　异型管桩（带纵向肋）

3. T 型桩

T 型桩（图 1.6）指桩身横截面外轮廓为"T"形的先张法预应力混凝土预制桩。

图 1.6　T 型桩

4. 六角桩

六角桩（图 1.7 和图 1.8）指桩身横截面外轮廓为六角形的先张法预应力混凝土预制桩。

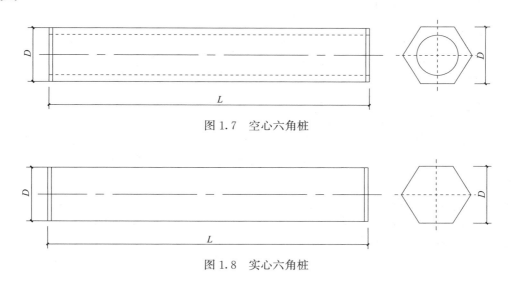

图 1.7　空心六角桩

图 1.8　实心六角桩

5. 八角桩

八角桩（图 1.9 和图 1.10）指桩身横截面外轮廓为八角形的先张法预应力混凝土预制桩。

6. 扩头桩

扩头桩（图 1.11）指一端端部直径变大的先张法预应力混凝土预制桩。

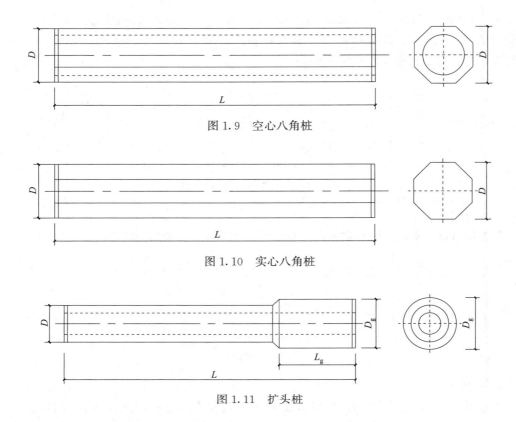

图 1.9　空心八角桩

图 1.10　实心八角桩

图 1.11　扩头桩

1.3.2　桩身材料要求

1. 水泥

水泥进厂必须提供厂名、品种、数量和试验报告。采用不低于 R42.5 硅酸盐水泥、普通硅酸盐水泥、矿渣硅酸盐水泥、粉煤灰硅酸盐水泥，其质量符合 GB 175-2007 的规定，禁止使用火山灰质硅酸盐水泥。具体质量要求如下：

1）细度：用 0.08mm 方孔筛筛余≤10%。

2）硅酸盐水泥初凝≥45min，终凝≤390min。普通硅酸盐水泥、矿渣硅酸盐水泥、粉煤灰硅酸盐水泥、火山灰质硅酸盐水泥和复合硅酸盐水泥初凝≥45min，终凝≤600min。

3）除符合国家标准外，供方提供的普通硅酸盐水泥或 R42.5 硅酸盐水泥的水泥胶砂强度还应符合 3d 抗压强度≥22MPa、3d 抗折强度≥4.0MPa、28d 抗折强度≥6.5MPa、28d 抗压强度≥55MPa，以保证混凝土强度。

4）水泥对减水剂有良好的适应性，在减水剂推荐掺量下，水泥净浆流动度≥200mm。

5）必须提供低碱水泥，碱含量在 0.5% 以下。

6）压蒸安定性符合沸煮法合格要求。

2. 碎石

所供碎石是由天然岩石经机械破碎、筛分制成的岩石颗粒，其最大粒径应≤25mm，质量应符合《建设用卵石、碎石》GB/T 14685 的规定。进厂碎石必须水洗筛分，去除过大颗粒和尘土，并进行大小颗粒的合理级配。

1）对颗粒级配，5～25mm 连续粒级符合表 1.1 的要求。

颗粒级配表　　　　　　　　　　　　　　　　　　　　　表 1.1

方孔筛（mm）	2.36	4.75	9.5	16.0	19.0	26.5
累计筛余量（%）	95～100	88～100	67～92	26～52	8～19	0

2）压碎指标值<10%，风化石等软弱颗粒含量≤3%，针片状含量<15%，石粉和石屑含量<1.0%。

3. 砂

采用洁净天然硬质的河砂、人工砂或混合砂，禁止供应山砂、海砂。进厂砂细度模数为 2.3～3.4，其质量符合《建设用砂》GB/T 14684 的规定。进厂砂按粒级分类堆放，符合级配的可直接使用，不符合级配的要进行粗细搭配，确保细度模数达到 2.3～3.4。

1）砂的颗粒级配要求如表 1.2 所示。

砂的颗粒级配表　　　　　　　　　　　　　　　　　　　表 1.2

方孔筛孔径（mm）	4.75	2.36	1.18	0.60	0.30	0.15
累计筛余量（%）	0～12	0～25	10～50	41～70	70～92	90～100
砂的实际颗粒级配与表中的数据相比，除 4.75mm 和 0.60mm 筛档外，可以略有超出，但超出的总量应<5%						

2）含泥量<1%，不得含有泥块。

4. 预应力钢棒

预应力钢棒进厂必须提供厂名、品种、数量和试验报告。预应力钢筋应采用预应力混凝土用钢棒，其质量应符合《预应力混凝土用钢棒》GB/T 5223.3 的规定，且必须要有良好的蒸养适应性和可镦性。钢棒镦头、蒸养后，抗拉强度>1420MPa，镦头强度不低于本体标准强度的 95%。螺旋槽钢棒尺寸及偏差如表 1.3 所示，其公称直径、重量及性能要求如表 1.4 所示。

螺旋槽钢棒尺寸及偏差　　　　　　　　　　　　　　　　表 1.3

公称直径（mm）	螺旋槽数量（条）	外轮廓直径（mm）	外轮廓偏差（mm）
7.1	3	7.25	±0.15
9.0	6	9.15	±0.20
10.7	6	11.1	

公称直径、重量及性能　　　　　　　　　　　　　　　　表 1.4

表面形状类型	公称直径（mm）	参考重量（g）	屈服强度（MPa）	抗拉强度（MPa）
螺旋槽	7.1	314	1280	1420
	9.0	502	1280	1420
	10.7	707	1280	1420

钢棒的延性应满足 35 级别，断后伸长率≥7.0%。钢棒的粗细应均匀，表面不得有影

响使用的有害损伤和缺陷，允许有浮锈。

5. 低碳钢热轧圆盘条

线材进厂必须提供厂名、品种、数量和试验报告。盘条表面应光滑，不得有裂纹、折叠、耳子、结疤。盘条不得有夹杂物及其他有害缺陷。盘条的力学性能应符合《低碳钢热轧圆盘条》GB/T 701 的有关规定，并符合表 1.5 的要求。

低碳钢热轧圆盘条力学性能要求 表 1.5

牌号	抗拉强度(N/mm²)	断后伸长率(%)	反复弯曲次数
Q215	≥420	≥28	≥4
Q235	≥490	≥23	≥4
Q195	≥390	≥30	≥4

6. 螺锁式机械连接件

管桩生产中所使用的螺锁式机械连接件可引用《增强型预应力混凝土离心桩》（2008 浙 G32）图集中的规定。

7. 带钢

1）采用 Q215 和 Q235 钢卷板，其质量应符合《碳素结构钢技术》GB/T 700 的要求。

2）符合冷轧（黑退火）带钢的行业标准、规定。

3）厚度允许在 1.17～1.2mm 之间，宽度尺寸误差不得大于 1mm。

4）力学性能应符合表 1.6 的要求。

带钢力学性能 表 1.6

牌号	屈服强度(N/mm²)	抗拉强度(N/mm²)	断后伸长率(%)
Q215	215	335～450	≥31
Q235	235	370～500	≥26

8. 减水剂

1）采用脂肪族减水剂或复合型高效减水剂，其质量符合《混凝土外加剂》GB 8076 的要求，严禁使用氯盐类外加剂。

2）减水剂进厂需检查生产厂名、品种、包装、数量、出厂日期以及厂家提供的质量证明书。

3）在减水剂推荐掺量下，水泥净浆流动度≥200mm，减水率≥18%。

9. 水

混凝土拌合用水应符合《混凝土用水标准》JGJ 63 的规定。

第 2 章

机械连接预应力混凝土异型桩力学性能

2.1 预应力混凝土异型桩

2.1.1 预应力混凝土异型桩的构造

本节以预应力混凝土异型管桩为例，介绍预应力混凝土异型桩的构造。

预应力混凝土异型管桩通过采用环肋形新型外壁，提高了管桩与土的侧摩阻力，接桩处采用了无端板机械连接技术，减少了混凝土和钢材用量。其按混凝土等级及壁厚分为三类：预应力混凝土管桩、预应力高强度混凝土管桩及预应力混凝土薄壁管桩。其按肋部外径-非肋部外径可分为 400～340mm、500～430mm、600～520mm、700～600mm、800～650mm、1000～850mm 六种规格。其按抗弯性能或混凝土有效预压应力值分为 A 型、AB 型和 B 型。

预应力混凝土异型管桩采用先张法预应力工艺和离心成型方法制成，通过特制钢模预制环状凸肋和纵状凸肋，其中环状凸肋沿桩体的外壁每隔 1～3m 设置一道，并在桩周外侧等间隔加设多条纵状凸肋，与环状凸肋连接，如图 2.1 所示。

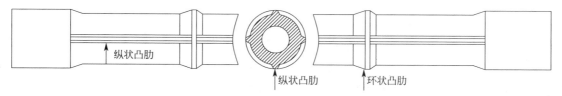

图 2.1 预应力混凝土异型管桩示意图

1. 环状凸肋

环状凸肋可有效增强桩身摩擦系数，扩大管桩的有效受力面积，提高管桩的承载能力。环状凸肋包括环状凸肋上部、环状凸肋中部、环状凸肋下部，其中环状凸肋中部的直径不变，环状凸肋上部和环状凸肋下部的直径从非环状凸肋段线性渐变至中节肋部，如图2.3 和表 2.1 所示。

2. 纵状凸肋

增设纵状凸肋可增强管桩的桩身刚度；同时，带纵肋的异型管桩在运输时不容易滚动，便于施工运输。纵状凸肋包括纵状凸肋外侧和纵状凸肋内侧，纵状凸肋外侧是光滑的平面，纵状凸肋内侧面与普通段桩体直径圆弧面一致，如图 2.2 和表 2.1 所示。

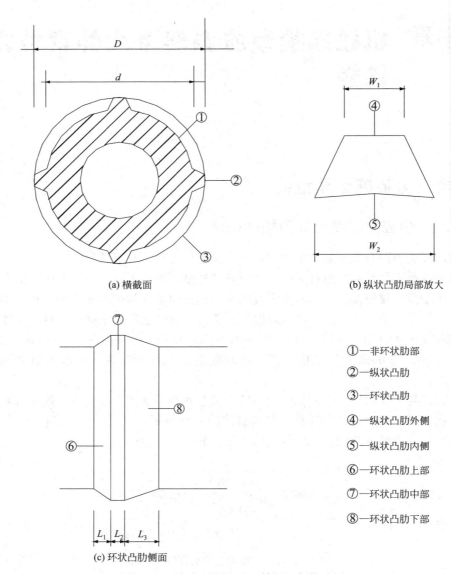

(a) 横截面

(b) 纵状凸肋局部放大

①—非环状肋部

②—纵状凸肋

③—环状凸肋

④—纵状凸肋外侧

⑤—纵状凸肋内侧

⑥—环状凸肋上部

⑦—环状凸肋中部

⑧—环状凸肋下部

(c) 环状凸肋侧面

图 2.2　预应力混凝土异型管桩局部构造图

预应力混凝土异型管桩截面特征　　　　　　　　表 2.1

序号	壁厚(mm)	本体部直径 d(mm)	环状肋部直径 D(mm)	环状凸肋上部长度 L_1(mm)	环状凸肋中部长度 L_2(mm)	环状凸肋下部长度 L_3(mm)	纵状凸肋外侧宽度 W_1(mm)	纵状凸肋内侧宽度 W_2(mm)
1	115	340	400	40	40	80	30	70
2	115	430	500	50	40	100	30	40
3	115	520	600	60	40	120	30	70
4	115	600	700	20	40	160	50	90
5	115	650	800	30	60	240	50	90
6	115	850	1000	30	60	240	60	110

3. 螺锁式机械连接件

传统预制桩采用人工施焊，该方法要求先对称点焊 4～6 点，再进行对称施焊，焊缝需连续饱满，不得有夹渣或气孔，施焊层数应在两层以上，每个接头操作约需 20min，待焊缝自然冷却后方可沉桩。焊接法接桩对技术工人、端板的要求较高，施工质量难以保证，桩接头处往往成为桩体的薄弱环节。预应力混凝土异型桩取消了传统预制桩钢端板，接桩时采用机械快速连接技术，接桩简便，耗时短，不受天气影响，接头性能满足工程要求。

机械快速连接技术的核心部件为螺锁式机械连接件，主要由带插杆的小螺母和带弹簧、卡片的大螺母组成，其中大螺母中放置弹簧、弹簧垫片、卡片和中间螺母，小螺母中则放置插杆，其构造如图 2.3 所示。各组件的作用如下：

弹簧用于连接件对接，插杆进大螺母过程中，压缩弹簧并向外推开卡片，插杆头部穿过卡片环，弹簧的回弹力使卡片恢复到卡紧状态，完成有效的对接；弹簧垫片设于卡片安放位置，使卡片不易脱落；卡片与插杆相配合，卡片内侧设有三道台阶，卡片的台阶配合插杆球头的凹槽，实现有效卡接，避免插杆被拔出；中间螺母设有锥形台面，插杆插入中间螺母后卡片被锥形台面挡住而不会滑出；插杆的球头部分设有凹槽，且有一定锥度，在与卡片有效卡接的状态下，锥度能使其接受更大的误差，不被拔出。

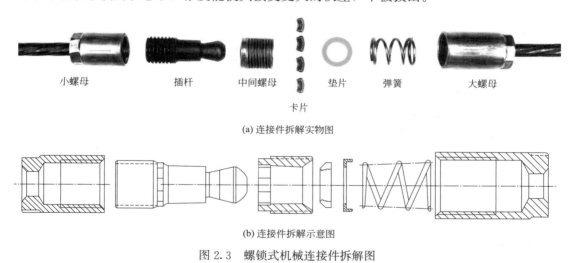

图 2.3　螺锁式机械连接件拆解图

2.1.2　预应力混凝土异型桩的制造

与传统预应力管桩相比，预应力混凝土异型桩外壁加设置环状凸肋和纵状凸肋，使得异型桩的生产难以再采用传统管桩的光滑钢模。针对该问题，开发了适合异型桩几何外形的钢模，并成功生产出合乎要求的预应力混凝土异型管桩。

1. 钢模的制作

预应力混凝土异型管桩特制钢模包括模芯、上模和下模，其中上模和下模套在模芯上，上模和下模腔内间隔开有环状梯形凹筋槽，环状梯形凹筋槽的前坡面与模板面夹角为 10°～90°，后坡面与模板面夹角为 90°～10°。间隔分布的环状梯形凹筋槽间纵向设有四条凹筋槽，且与环状梯形凹筋槽相通。该钢模不仅有效扩大成形后异型桩的整体支撑面积，提高异型桩的承载能力，而且大大降低了生产成本；同时避免了桩成形过程内应力对异型桩的损害，确保了成形后异型桩的质量，方便脱模。

2. 工艺流程

预应力混凝土异型桩的生产工艺流程如图 2.4 所示。

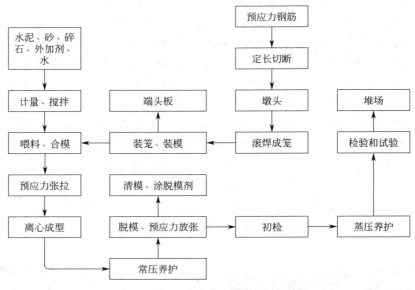

图 2.4　生产工艺流程

1）钢筋下料

钢筋的下料长度如表 2.2 所示。钢筋应清除油污，不应有局部弯曲，端面应平整。单根管桩同束钢筋中，下料长度的相对误差应不大于 $L/5000$，每班次抽检二组。

钢筋的下料长度　　　　　　　　　　　　　　　　　表 2.2

桩长(m)	4	5	6	7	8	9
下料长度(m)	3.965	4.946	5.930	6.933	7.915	8.895
桩长(m)	10	11	12	13	14	15
下料长度(m)	9.897	10.887	11.873	12.868	13.861	14.853

2）钢筋镦头

镦头前应检查机械工作状态，然后试镦 2～3 个短钢筋，测试尺寸是否符合要求，然后开始镦头。不同直径的钢棒镦头时应及时更换夹具，镦头几何尺寸如表 2.3 所示。钢筋镦头后有效长度的相对误差不应大于 $L/5000$。主筋镦头时电流不宜过大，镦头强度不得低于该材料标准强度的 90%，即 $\geqslant$1280MPa，每班次抽查一次。

镦头几何尺寸　　　　　　　　　　　　　　　　　表 2.3

钢棒直径(mm)	镦头直径 d(mm)	镦头厚度 h(mm)
8.0	14.0～15.5	5.0～6.5
9.5	16.0～17.5	6.5～7.5
11.0	16.5～18.5	7.5～8.5

3）钢筋编笼

螺旋筋直径除 Φ400 使用 Φ^b4.0 外，Φ500、Φ600 均采用 Φ^b5.0；两端加密区范围为 2000mm，加密区间距 45mm，非加密区范围 80mm；预应力钢筋间距偏差不超过 ±5mm，两端要加绕两三圈绑扎牢固；钢筋和螺旋筋的焊接点强度不得小于该材料标准强度的 95%，即≥1350MPa；调节好焊接电流和接触压力，使主筋与螺旋筋焊点牢固，个别松散点用细铁丝绑扎牢固；严禁从高处下抛，也不得在地面拖拉，起吊时应多点悬吊，以免骨架变形，焊点脱落；编不同型号的笼子，及时更换牵引盘、导向盘和铜盘。

4）清模及脱模

上、下半模应分开后分区堆放；管桩脱模后，要及时清理粘附于管模及企口的混凝土及其他粘附物，及时刷脱模剂；热模涂好后等待几分钟转入下道工序，冷模需多涂几遍，等待几分钟之后方可转入下道工序；管模必须全部清理均匀涂刷脱模剂，每班次抽检二次，作为考核依据。

5）钢筋笼入模及装配

检查张拉板、固定板上面的镶套是否符合要求，登入值是否一致，套箍小六角螺栓是否上全，定位套、张拉板上面的槽内混凝土是否清理干净，合格后方可投入使用；端板锚固筋焊于主筋同心圆上或略小于主筋同心圆上，并用铁丝绑扎牢固，焊接强度不得低于母材的 90%，焊渣应清除干净；装配时，张拉板、固定板应清理干净，涂油，大小螺帽与张拉螺栓必须上紧，若有间隙应使用垫片，入模钢筋笼主筋不得扭斜，在两端测定同一根主筋与模口线的距离，其偏差≤10mm，两端螺旋筋必须复位，有松动必须用铁丝绑扎，两端螺旋筋距大小螺帽间距＜2cm。

6）布料

将安装好的钢筋笼及管模的下半模吊上喂料台车布料；安装好密封胶板（橡皮塞），必须安装到位，最好嵌入固定板内孔 1～2cm；从离端头 1.5m 处左右布料，采用先中间、后两端、再中间的方法布料，两端应略多布些料，另外用撬棍将桩头混凝土撬密实，撬好后须将因撬混凝土过程中影响的螺旋筋复位好；每根管桩的料必须一次布完，不得有多余，落在平板车上的料要及时铲入模内，落在地上的干料不能掺入模内。

7）合模

合模时，上模应轻轻下落，对准位置，注意不能碰撞桩套箍，不得冲撞以免混凝土滑入企口；合模时宜两人同时从一端向另一端合模，发现滑牙，缺少螺栓要及时更换；清除企口上和端板上的混凝土，在两边企口中拉上草绳。

8）预应力张拉

张拉是保证足够预应力的工序，因此张拉必须到位，一般以钢筋抗拉强度的 75% 作为控制应力，在张拉值、伸长量达到规定值且稳定后再旋紧螺母；严格控制张拉应力，准确测量钢筋伸长量，按品管部下达的张拉数据进行操作，做好张拉的原始记录；定期校核张拉表，保证表值准确无误，应有专人操作及维修；每班次随机抽查二次，作为考核依据；张拉时，千斤顶张拉端禁止站人，防止万一张拉断筋弹出。

9）离心成型

严格控制离心转速及时间，按质检部下达的离心参数进行操作；离心过程中，若发现跳模严重的管模，可在规定允许范围内适当降速；钢模吊运要轻起轻放，离心成型后不允许剧烈振动；做好离心原始记录；每班次随机抽查二到四次，作为考核依据。

10）蒸养

常压蒸养分四个阶段：静停—升温—恒温—降温；升温时必须随时检查温度情况，升温幅度控制在 35℃/h 内，否则易造成热胀现象，造成管桩出现裂纹；要做到蒸养池的温度均匀一致，池盖密封，不漏蒸汽；在蒸养池的记录板上记录送气时间、开盖时间；蒸养时，桩不可浸水，注意及时排除冷凝水。

高压蒸养分为三个阶段：升压—恒压—降压，如图 2.5 所示。出釜要控制好釜内温度与室外温度的温差介于 40～60℃，遇到下雨天必须完全冷却后出釜，否则可能产生冷缩裂纹，影响质量；做好原始记录。

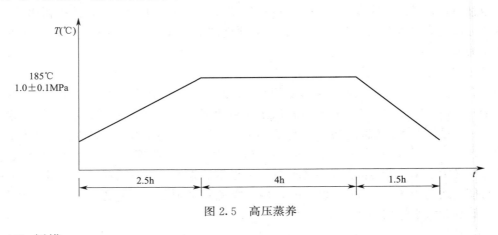

图 2.5　高压蒸养

11）拆模

倒桩时应轻吊轻放，禁止重摔；拆模时，应先拆固定板螺栓，后拆合模螺栓，将缺损的螺栓装上并涂油；脱模后，在距桩端头 1～1.5m 处贴上产品标志（厂名、规格、型号、生产日期），两端内壁写上桩长，合格桩盖上合格章，不合格的写明不合格原因代码；做好管桩外观质量检查记录。

12）混凝土搅拌站

混凝土的制备应严格按照质检部下发的配合比进行配料，保证配料精度，称量允许偏差满足规定要求；混凝土的投料顺序为：黄砂—石子—水泥—水—外加剂；搅拌时间为90～120s；每班次上班前，首先检查配比、计量系统是否正确，方可投入使用；料投入搅拌机后，无特殊情况禁止中间停机；操作人员必须认真记录每次搅拌时各种原材料的实际用量；为保证混凝土的坍落度符合要求，应加强人工观测；试拌时先扣减部分水，观察混凝土的干、稀情况，再适当人工加水至合适程度；每班工作之后间歇时间要彻底清洗搅拌机；每班组做 3～4 组试块，跟踪、观察混凝土质量。

13）堆场

按工程所需情况及生产计划下达的发桩计划及时供桩；所有管桩应分类堆放，不合格桩和废品也分开堆放，堆放层数不宜超过表 2.4 规定；堆放时，最外层用钢拉板牢固拉紧，防止滚桩滑落；产品桩装卸时应轻吊轻放，吊具要经常检查，吊桩时严禁拖拉碰撞；出厂的管桩必须达到 100%合格。

管桩堆放层数限值　　　　　　　　　　表2.4

外径(mm)	400	500	600
最大堆放层数	7	6	5

2.2　机械接桩技术

2.2.1　螺锁式机械连接方法

螺锁式机械连接方法就是通过插接式接桩扣把上节桩和下节桩连接固定好，插接式接桩扣由两个插接螺帽及双头插接体构成，对接时，双头插接体的两头接插体分别插接在两个插接螺帽中的腔体内且与其腔体牢固连接。在工厂预制厂加工时，上节桩在桩端部预设置插接螺帽，下节桩在桩端部预设置插接螺帽，每根管桩的两桩头都在工厂预设置上述两种类型的螺帽；插接螺帽的帽底开有一钢筋孔，钢筋孔的周边是钢筋墩头卡台，该钢筋墩头卡台能够将所要连接的钢筋墩头牢牢地卡在插接螺帽内。

桩连接接头剖面构造如图2.6所示。接桩时在桩端面安放由环氧树脂、固化剂等组成的密封材料，提高桩端耐久性。

图2.6　螺锁式机械连接接头剖面

2.2.2　螺锁式机械连接件抗拉性能

为探究螺锁式机械连接件的抗拉性能，抽取预应力钢棒 $\Phi^D 9.0$ 的螺锁式机械连接件3套和 $\Phi^D 10.7$ 的螺锁式机械连接件6套，进行螺锁式机械连接件拉伸试验，测定连接件力学性能。使用液压试验机对螺锁式机械连接件进行拉伸试验，如图2.7所示，试件试验结果如表2.5所示，连接件破坏形式如图2.8所示。

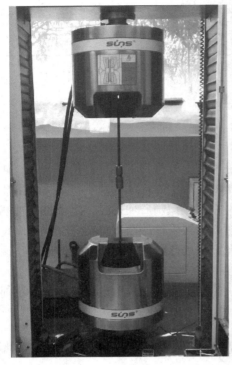 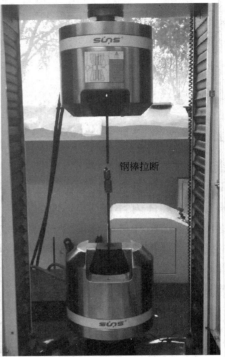

钢棒拉断

(a) 拉伸前　　　　　　　　　　　　　　　　(b) 拉伸后

图 2.7　螺锁式机械连接件拉伸试验

螺锁式机械连接件拉伸试验结果　　　　　　　　　　表 2.5

钢棒规格	试件编号	极限拉力试验值(kN)	破坏形式
$\Phi^D 9.0$	1	95.5	接头附近预应力钢棒拉断
	2	95.7	接头附近预应力钢棒拉断
	3	96.2	接头附近预应力钢棒拉断
$\Phi^D 10.7$	1	134.9	预应力钢棒镦头拉断
	2	134.0	预应力钢棒镦头拉断
	3	132.2	预应力钢棒镦头拉断
	4	135.1	接头附近预应力钢棒拉断
	5	134.6	接头附近预应力钢棒拉断
	6	134.9	预应力钢棒镦头拉断

　　螺锁式机械连接件各试件的荷载-位移曲线如图 2.9 所示，试验结果表明：

　　1）3 根 $\Phi^D 9.0$ 螺锁式机械连接件的破坏形式均为接头附近预应力钢棒被拉断，在荷载-位移曲线上呈现平缓的强化段和下降段；3 根试件的极限拉力试验值较为接近，平均值为 95.8kN，与同规格预应力钢棒的极限拉力平均值 96.7kN 相差 1.0%。

　　2）6 根 $\Phi^D 10.7$ 螺锁式机械连接件的破坏形式既有接头附近预应力钢棒被拉断，也有预应力钢棒镦头被拉断；1、2、3 和 6 号试件均为预应力钢棒镦头被拉断而破坏，在荷

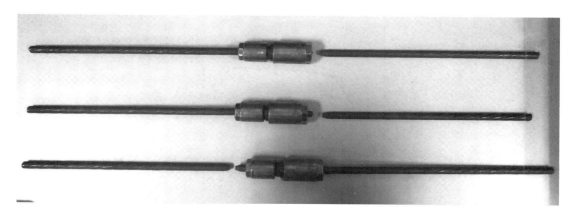

(a) $\Phi^D 9.0$ 连接件接头附近预应力钢棒被拉断

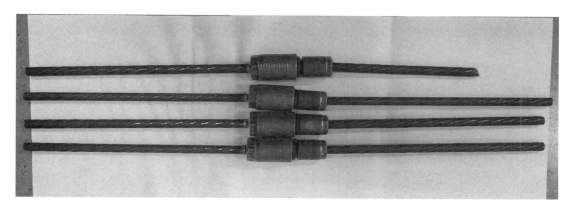

(b) $\Phi^D 10.7$ 连接件预应力钢棒镦头被拉断

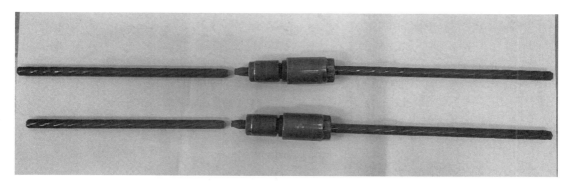

(c) $\Phi^D 10.7$ 连接件接头附近预应力钢棒被拉断

图 2.8 螺锁式机械连接件拉伸试验破坏形式

载-位移曲线上呈现陡降的趋势，4 根试件极限拉力试验值较为接近，平均值为 134.0kN，较同规格预应力钢棒的极限拉力平均值 131.7kN 偏大 1.7%；4 和 5 号试件均为接头附近预应力钢棒被拉断而破坏，在荷载-位移曲线上呈现平缓的强化段和下降段，2 根试件极限拉力试验值较为接近，平均值为 134.9kN，较同规格预应力钢棒的极限拉力平均值 131.7kN 偏大 2.4%。

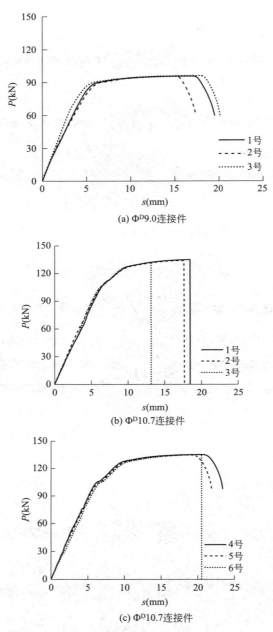

(a) Φ^D9.0连接件

(b) Φ^D10.7连接件

(c) Φ^D10.7连接件

图 2.9　螺锁式机械连接件拉伸试验荷载-位移曲线

2.3　异型桩力学性能

2.3.1　桩身力学性能

1. 抗弯承载力

异型桩桩身承载能力按照最小截面进行计算。

1) 开裂弯矩计算公式

桩身开裂弯矩计算公式如下：

$$M_{cr} = (\sigma_{ce} + \gamma f_t) W_0 \tag{2.1}$$

式中：M_{cr}——桩身开裂弯矩；

σ_{ce}——桩身截面混凝土有效预压应力；

f_t——混凝土抗拉强度；

γ——混凝土构件的截面抵抗矩塑性影响系数，$\gamma = (0.7 + 120/h)\gamma_m$，其中 h 为方桩边长时，$h < 400\text{mm}$ 时取 $h = 400\text{mm}$；γ_m 为截面抵抗矩塑性影响系数基本值，矩形截面取 1.55；

W_0——桩身截面换算弹性抵抗矩。

2) 极限弯矩计算公式

桩身正截面抗弯承载力计算公式如下：

$$M_u = \sum \left[f_{py} A_{pi} \left(h_{pi} - \frac{x}{2} \right) \right] \tag{2.2}$$

$$\alpha_1 f_c B_1 x = \sum f_{py} A_{pi} + \sum (\sigma'_{p0} - f'_{py}) A'_{pi} \tag{2.3}$$

式中：M_u——桩身正截面抗弯承载力；

f_{py}、f'_{py}——预应力钢筋抗拉、抗压强度；

A_{pi}、A'_{pi}——第 i 排受拉区、第 i 排受压区纵向预应力钢筋的截面面积；

h_{pi}——第 i 排受拉预应力钢筋至混凝土受压区外边缘的距离；

x——等效矩形应力图形的混凝土受压区高度，当 x 小于 $2a$ 时，取为 $2a$；

a——受压区纵向钢筋合力点至截面受压边缘的距离；

B_1——桩截面最小边长；

α_1——混凝土矩形应力图的应力值与轴心抗压强度之比，按《混凝土结构设计规范》GB 50010—2010 确定；

f_c——混凝土抗压强度；

σ'_{p0}——受压区纵向预应力钢筋合力点处混凝土法向应力等于零时的预应力钢筋应力。

2. 抗剪承载力

异型桩桩身承载能力按照最小截面进行计算。

1) 开裂剪力计算公式

桩身开裂剪力计算公式如下：

$$V_{cr} = \frac{1.75}{\lambda + 1} f_t B_1 h_0 + 0.05 \sigma_{ce} A \tag{2.4}$$

式中：V_{cr}——桩身开裂剪力；

λ——计算截面剪跨比，取为 a/h_0，当 $\lambda < 1.5$ 时取 $\lambda = 1.5$；

f_t——混凝土抗拉强度；

B_1——桩截面最小边长；

h_0——截面有效高度；

σ_{ce}——桩身截面混凝土有效预压应力；

A——桩身最小截面面积。

2）极限剪力计算公式

桩身斜截面抗剪承载力计算公式如下：

$$V_u = \frac{1.75}{\lambda+1} f_t B_1 h_0 + f_{yv} \frac{A_{sv}}{S} h_0 \sin\theta + 0.05\sigma_{ce}A \qquad (2.5)$$

式中：V_u——桩身斜截面抗剪承载力；

f_{yv}——箍筋抗拉强度；

A_{sv}——配置在同一截面内箍筋各肢的全部截面面积；

S——沿桩身长度方向的箍筋间距；

θ——箍筋与纵向轴线的夹角。

3. 抗拉承载力

异型桩桩身承载能力按照最小截面进行计算。

1）轴心开裂拉力计算公式

在裂缝控制等级取一级时，桩身轴心开裂拉力计算公式如下：

$$N_{cr} = \sigma_{ce}A_0 \qquad (2.6)$$

式中：N_{cr}——桩身轴心开裂拉力；

σ_{ce}——桩身截面混凝土有效预压应力；

A_0——桩身最小截面换算面积。

2）轴心极限拉力计算公式

桩身抗拉承载力计算公式如下：

$$N_u = C f_{py} A_p \qquad (2.7)$$

式中：N_u——桩身抗拉承载力；

C——预应力钢筋镦头强度折减系数，取 0.85；

f_{py}——预应力钢筋抗拉强度；

A_p——全部纵向预应力钢筋的截面面积。

4. 抗压承载力

桩身轴心受压时，荷载效应基本组合下的桩顶轴向压力设计值应满足下列公式要求：

$$Q_c \leqslant \psi_c f_c A_m \qquad (2.8)$$

式中：Q_c——荷载效应基本组合下的桩顶轴向压力设计值；

f_c——桩身混凝土轴心抗压强度设计值；

ψ_c——考虑成桩工艺、混凝土残留预压应力、工作条件等影响的综合折减系数，取 0.8～1.0；

A_m——桩身最小截面处横截面积。

2.3.2 桩接头力学性能

为了探究机械连接桩接头的力学性能，对三种规格的预应力混凝土异型方桩连接接头试件进行承载力试验。试验用预应力混凝土异型方桩试件结构配筋如图 2.10 所示，方桩试件的几何尺寸及配筋规格如表 2.6 所示。

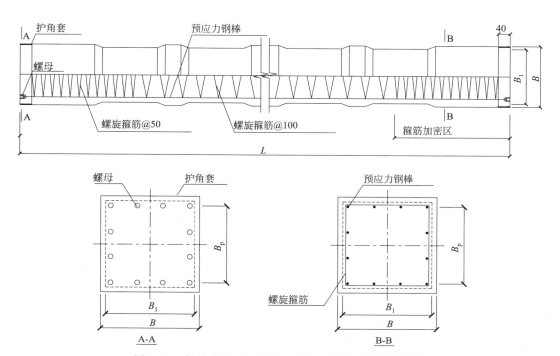

图 2.10 螺锁式预应力混凝土异型方桩结构配筋示意图

螺锁式预应力混凝土异型方桩试件几何尺寸和配筋规格 表 2.6

试件规格	B(mm)	B_1(mm)	B_p(mm)	预应力钢筋配置	箍筋配置
T-FZ-C350-300	350	300	206	$8\Phi^D10.7$	$\Phi^b4@50/100$
T-FZ-B750-530	750	530	436	$32\Phi^D9.0$	$\Phi^b5@50/100$
T-FZ-B850-600	850	600	506	$40\Phi^D9.0$	$\Phi^b6@50/100$

注：1. B 和 B_1 分别为异型方桩截面最大和最小边长；

2. B_p 为预应力钢筋分布边长。

1. 抗弯性能

预应力混凝土异型方桩连接接头试件结合《先张法预应力混凝土管桩》GB 13476-2009 规定和实验室场地条件，由 2 根相同规格方桩通过螺锁拼接而成，试件桩长按表 2.7 选用。抗弯试验加载中，跨中纯弯段长度为 1.0m，两支座间距取 $0.6L$。对于 T-FZ-B850-600 异型方桩连接接头试件，若按照 $0.6L$ 选取，支座位置在竹节坡面上，不便于加载，因此将两支座移至竹节平面上加载，此时支座间距为 8.0m。

预应力混凝土异型方桩接头试验件总长及抗弯加载布置 表 2.7

试件规格	桩身总长 L(m)	跨中纯弯段长度(m)	支座间距 L_s(m)
T-FZ-C350-300	8.0	1.0	4.8
T-FZ-B750-530	10.0	1.0	6.0
T-FZ-B850-600	12.5	1.0	8.0

1）理论计算

采用方桩桩身承载能力来评估螺锁式预应力混凝土方桩连接接头试件的承载能力，异型方桩桩身承载能力按照式（2.1）～式（2.3）进行计算。

2）试验加载

（1）加载装置及测点布置

试验加载方式采用 4 点加载，参照表 2.7，使用 YAW-10000F 型微机控制电液伺服多功能试验机，对螺锁式预应力混凝土异型方桩连接接头试件进行加载，如图 2.11 所示。应变片采用 50×3mm 型电阻应变片，位移计采用 YHD-100 型位移传感器，采集装置采用 DH3816N 型静态应变测试分析系统。应变片和位移计布置及编号如图 2.12 所示；应变片分布情况为：方桩上表面靠近接头两侧各 1 片，方桩侧表面靠近接头两侧等间距对称布置 6 片，方桩下表面接头两侧对称布置 6 片，共计 14 片应变片；位移计分布情况为：试件跨中、左右 1/4 跨处以及左右支座处各 1 支，共 5 支位移计。

(a)

(b)

图 2.11　螺锁式预应力混凝土异型方桩连接接头试件抗弯试验加载实物图

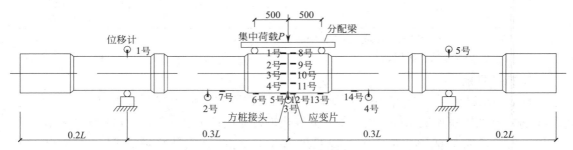

图 2.12　螺锁式预应力混凝土异型方桩连接接头试件抗弯试验加载示意图

预应力混凝土方桩试件纯弯段截面弯矩计算公式为：

$$M = \frac{P}{4}(L_s - 1) + \frac{W}{8}(2L_s - L) \tag{2.9}$$

式中：M——方桩试件纯弯段截面弯矩试验值；

　　　P——试验机荷载值；

　　　L_s——支座跨距；

　　　L——方桩试件长度；

　　　W——方桩试件自重。

（2）加载制度

首先进行预加载。为防止方桩在预加载时产生裂缝，荷载量控制在方桩开裂弯矩的50％以内，分三级加载，每级稳定时间为1min，然后分级卸载，3级卸完。预加载过程中，检查各个仪表设备的工作状况是否良好，预加载后，调整好仪表并记录初始读数。

正式加载过程如下：

①按20％开裂弯矩的级差由零加载至开裂弯矩的80％，每级荷载的持续时间为3min；然后按10％开裂弯矩的级差继续加载至开裂弯矩的100％，每级荷载的持续时间为3min，观察是否有裂缝出现，测定并记录裂缝宽度；

②如果达到开裂弯矩时仍未出现裂缝，则按5％开裂弯矩的级差继续加载至裂缝出现，每级荷载的持续时间为3min，测定并记录裂缝宽度；

③开裂后，按5％极限弯矩的级差继续加载至极限弯矩的100％，每级荷载的持续时间为3min，观测并记录各项读数；

④改为位移加载，直至方桩承载力下降破坏，每级荷载的持续时间为3min，观测并记录各项读数。

当在加载过程中第一次出现裂缝时，应取前一级荷载值作为开裂荷载实测值；当在规定的荷载持续时间内第一次出现裂缝时，应取本级荷载值与前一级荷载值的平均值作为开裂荷载实测值；当在规定的荷载持续时间结束后第一次出现裂缝时，应取本级荷载值作为开裂荷载实测值。当出现以下情形之一的，应终止加载：①桩身折断；②水平位移超过30～40mm；③水平位移达到设计要求的水平位移允许值。取该情形下的前一级荷载值为抗弯极限承载力。

3）试验结果

（1）抗弯承载力

图2.13所示为试验测得的试件荷载-跨中挠度曲线。每条曲线中，一个标识点代表一级加载步所对应的试验机荷载值和试件跨中挠度值。表2.8所示为试验测得的异型方桩连接接头试件的开裂弯矩试验值M_{cr}^t、极限弯矩试验值M_u^t和理论公式计算的桩身开裂弯矩计算值M_{cr}^c、极限弯矩计算值M_u^c。

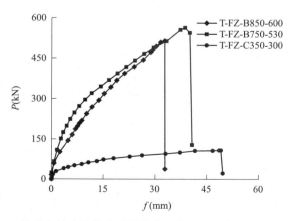

图2.13 异型方桩连接接头试件抗弯承载力试验荷载-跨中挠度曲线

异型方桩连接接头试件抗弯承载力试验结果　　　　表 2.8

试件规格	M_{cr}^c(kN·m)	M_{cr}^t(kN·m)	M_u^c(kN·m)	M_u^t(kN·m)
T-FZ-C350-300	51.7	105.2	105.2	107.3
T-FZ-B750-530	264.1	211.3	605.1	727.7
T-FZ-B850-600	374.1	448.8	868.4	966.1

　　3 根异型方桩连接接头试件的受弯破坏形式均为连接接头底部拉开，连接接头附近预应力钢棒或预应力钢棒镦头被拉断，如图 2.14 所示。

(a) T-FZ-C350-300 接头底部拉开　　　　　(b) T-FZ-C350-300 钢棒拉断

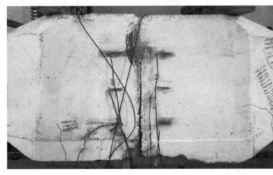

(c) T-FZ-B750-530接头底部拉开　　　　　(d) T-FZ-B750-530接头底部拉开

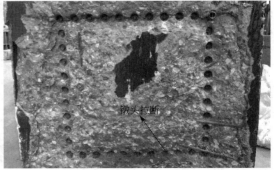

(e) T-FZ-B850-600接头底部拉开　　　　　(f) T-FZ-B850-600镦头拉断

图 2.14　异型方桩连接接头试件受弯破坏形式

（2）裂缝分布

T-FZ-C350-300 异型方桩连接接头试件在跨中弯矩达到 51.7kN·m 时，在小截面处出现 1 条竖向裂缝；破坏前试件竖向裂缝最大宽度为 0.44mm，开展高度约 200mm；破坏时桩身裂缝主要分布在接头两侧−1500～+1500mm 范围内，共有 12 条主要裂缝（其中纯弯段 4 条裂缝），裂缝主要呈竖向开展，未出现分叉现象；破坏后试件接头底部被拉开约 15mm，两侧桩身裂缝宽度回缩。T-FZ-C350-300 异型方桩连接接头试件受弯裂缝分布如图 2.15 所示。

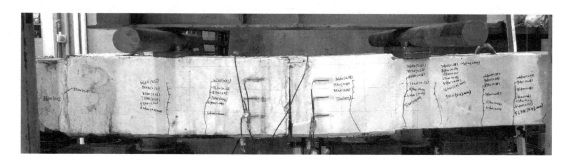

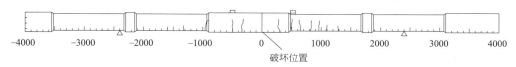

图 2.15 T-FZ-C350-300 异型方桩连接接头试件受弯裂缝分布图

T-FZ-B750-530 异型方桩连接接头试件在跨中弯矩达到 211.3kN·m 时，在小截面处出现 1 条竖向裂缝；破坏前试件竖向裂缝最大宽度为 0.76mm，开展高度约 300mm；破坏时桩身裂缝主要分布在接头两侧−2200～+1900mm 范围内，共有 17 条主要裂缝（其中纯弯段 1 条裂缝），裂缝上端向跨中开展；破坏后试件接头底部被拉开约 10mm，两侧桩身裂缝宽度回缩。T-FZ-B750-530 异型方桩连接接头试件受弯裂缝分布如图 2.16 所示。

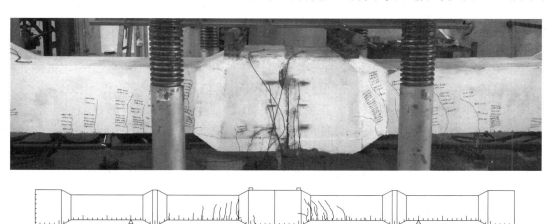

图 2.16 T-FZ-B750-530 异型方桩连接接头试件受弯裂缝分布图

29

T-FZ-B850-600 异型方桩连接接头试件在跨中弯矩达到 448.8kN·m 时，在小截面处出现 1 条竖向裂缝；破坏前试件竖向裂缝最大宽度为 0.54mm，开展高度约 450mm；破坏时桩身裂缝主要分布在接头两侧－2000～＋2000mm 范围内，共有 15 条主要裂缝（其中纯弯段没有出现裂缝），裂缝上端向跨中开展；破坏后试件接头底部被拉开约 20mm，两侧桩身裂缝宽度回缩。T-FZ-B850-600 异型方桩连接接头试件受弯裂缝分布如图 2.17 所示。

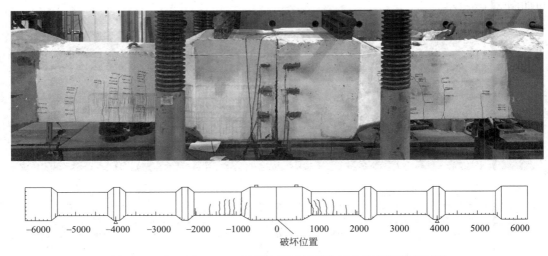

图 2.17　T-FZ-B850-600 异型方桩连接接头试件受弯裂缝分布图

（3）应变发展

图 2.18 为各异型方桩连接接头试件的荷载-应变曲线，应变片编号见图 2.12，为保证数据图的可读性，拉应变达到 $1000\mu\varepsilon$ 后不再给出应变数据。

通过对 3 根螺锁式预应力混凝土异型方桩连接接头试件的足尺抗弯承载力试验，得到试验结论如下：

①T-FZ-C350-300 异型方桩连接接头试件的开裂弯矩试验值为 51.7kN·m，与桩身的开裂弯矩计算值 51.7kN·m 相同，试件的极限弯矩试验值为 107.3kN·m，较桩身的极限弯矩计算值 105.2kN·m 偏大 2%；T-FZ-B750-530 异型方桩连接接头试件的开裂弯矩试验值为 211.3kN·m，较桩身的开裂弯矩计算值 264.1kN·m 偏小 20%，试件的极限弯矩试验值为 727.7kN·m，较桩身的极限弯矩计算值 605.1kN·m 偏大 20%；T-FZ-B850-600 异型方桩连接接头试件的开裂弯矩试验值为 448.8kN·m，较桩身的开裂弯矩计算值 374.1kN·m 偏大 20%，试件的极限弯矩试验值为 966.1kN·m，较桩身的极限弯矩计算值 868.4kN·m 偏大 11%。

②T-FZ-C350-300 异型方桩连接接头试件破坏时桩身裂缝主要分布在接头两侧－1500～＋1500mm 范围内，共有 12 条主要裂缝（纯弯段 4 条裂缝）；T-FZ-B750-530 异型方桩连接接头试件破坏时桩身裂缝主要分布在接头两侧－2200～＋1900mm 范围内，共有 17 条主要裂缝（纯弯段 1 条裂缝）；T-FZ-B850-600 异型方桩连接接头试件破坏时桩身裂缝主要分布在接头两侧－2000～＋2000mm 范围内，共有 15 条主要裂缝（纯弯段没有出现裂缝）。3 根异型方桩连接接头试件的受弯破坏形式均为连接接头底部拉开，连接接头附近预应力钢棒或预

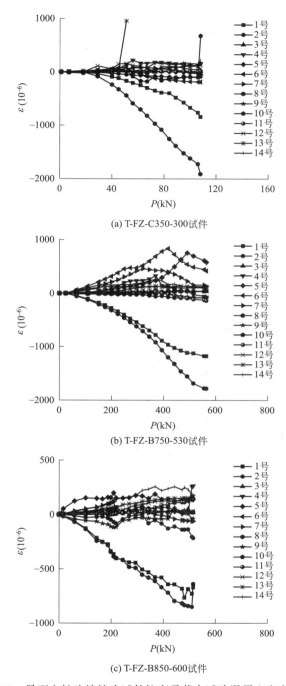

(a) T-FZ-C350-300试件

(b) T-FZ-B750-530试件

(c) T-FZ-B850-600试件

图2.18 异型方桩连接接头试件抗弯承载力试验混凝土应变发展

应力钢棒镦头被拉断,两侧桩身裂缝宽度较小。

③3根异型方桩连接接头试件在跨中裂缝出现前,各测点应变呈线性增长,试件跨中截面应变分布基本满足平截面假定;竖向裂缝出现后截面中性轴上移,受压区混凝土应变稳定增长;部分应变片读数因两侧裂缝开展导致混凝土收缩而减小。

2. 抗剪性能

螺锁式预应力混凝土异型方桩连接接头抗剪试件与接头抗弯试件尺寸相同。抗剪试验加载中，跨中纯弯段长度为 1.0m，弯剪段长度为方桩边长 B。

1）理论计算

采用方桩桩身承载能力来评估螺锁式预应力混凝土方桩连接接头试件的承载能力，异型方桩桩身承载能力按照式（2.4）、式（2.5）进行计算。

2）试验加载

（1）加载装置及测点布置

试验加载方式采用 4 点加载，使用 YAW-10000F 型微机控制电液伺服多功能试验机，对螺锁式预应力混凝土异型方桩连接接头试件进行加载，如图 2.19 所示。

应变片采用 50×3mm 型电阻应变片，位移计采用 YHD-100 型位移传感器，采集装置采用 DH3816N 型静态应变测试分析系统。应变片和位移计布置及编号如图 2.20 所示。应变片分布情况为：方桩纯弯段上下表面各 1 片，左侧弯剪段紧贴接头中部沿 45°角布置 4 片，右侧弯剪段中部沿 45°角单侧布置 3 片，共 9 片应变片。位移计分布情况为：方桩跨中以及左右支座处各 1 支，共 3 支位移计。

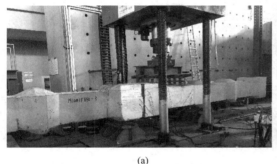

(a)　　　　　　　　　　　　　　(b)

图 2.19　螺锁式预应力混凝土异型方桩连接接头试件抗剪加载实物图

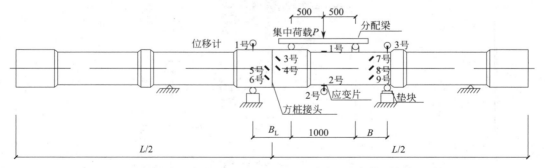

图 2.20　螺锁式预应力混凝土异型方桩连接接头试件抗剪加载示意图

预应力混凝土方桩试件弯剪段截面剪力计算公式为：

$$V = \frac{P}{2} \tag{2.10}$$

式中：V——方桩试件弯剪段截面剪力试验值；

P——试验机荷载值。

（2）加载制度

首先进行预加载。为防止方桩在预加载时产生裂缝，加载量控制在方桩开裂剪力的50%以内，分3级加载，每级稳定时间为1min，然后分级卸载，3级卸完。预加载过程中，检查各个仪表设备的工作状况是否良好，预加载后，调整好仪表并记录初始读数。

正式加载过程如下：

①按20%开裂剪力的级差由零加载至开裂剪力的80%，每级荷载的持续时间为3min，然后按10%开裂剪力的级差继续加载至开裂剪力的100%，每级荷载的持续时间为3min，观察是否有裂缝出现，测定并记录裂缝宽度；

②如果达到开裂剪力时仍未出现裂缝，则按5%开裂剪力的级差继续加载至裂缝出现，每级荷载的持续时间为3min，测定并记录裂缝宽度；

③开裂后，按5%极限剪力的级差继续加载至极限剪力的100%，每级荷载的持续时间为3min，观测并记录各项读数；

④改为位移加载，直至方桩承载力下降破坏，每级荷载的持续时间为3min，观测并记录各项读数。

当在加载过程中第一次出现裂缝时，应取前一级荷载值作为开裂荷载实测值；当在规定的荷载持续时间内第一次出现裂缝时，应取本级荷载值与前一级荷载值的平均值作为开裂荷载实测值；当在规定的荷载持续时间结束后第一次出现裂缝时，应取本级荷载值作为开裂荷载实测值。当出现以下情形之一的，应终止加载：①桩身折断；②水平位移超过30~40mm；③水平位移达到设计要求的水平位移允许值。取该情形下的前一级荷载值为抗剪极限承载力。

3）试验结果

（1）抗剪承载力

图2.21所示为试验测得的试件荷载-跨中挠度曲线。每条曲线中，一个标识点代表一级加载步所对应的试验机荷载值和试件跨中挠度值。

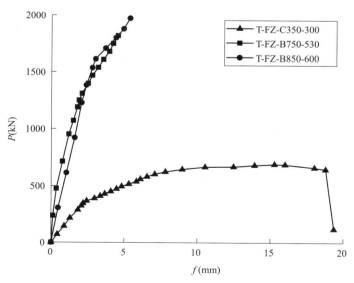

图2.21 异型方桩连接接头试件抗剪承载力试验荷载-跨中挠度曲线

表 2.9 所示为试验测得的异型方桩连接接头试件的开裂剪力试验值 V_{cr}^t、极限剪力试验值 V_u^t 和理论公式计算的桩身开裂剪力计算值 V_{cr}^c、极限剪力计算值 V_u^c。

异型方桩连接接头试件抗剪承载力试验结果　　　　　　　表 2.9

试件规格	V_{cr}^c(kN)	V_{cr}^t(kN)	V_u^c(kN)	V_u^t(kN)
T-FZ-C350-300	181.1	163.0	215.9	347.0
T-FZ-B750-530	595.8	655.6	699.9	>910.0
T-FZ-B850-600	768.7	807.1	740.5	>987.5

由于加载台底板限制，T-FZ-B750-530 和 T-FZ-B850-600 异型方桩连接接头试件均没有加载至破坏，而 T-FZ-C350-300 异型方桩连接接头试件的破坏形式为桩身受弯破坏，破坏时跨中底部预应力钢棒被拉断，跨中上部混凝土被压碎，如图 2.22 所示。

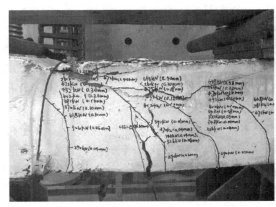 

（a）桩身破坏　　　　　　　　　　　　　　（b）钢棒拉断

图 2.22　T-FZ-C350-300 异型方桩连接接头试件受剪破坏形式

（2）裂缝分布

T-FZ-C350-300 异型方桩连接接头试件在弯剪段剪力达到 144.9kN 时，跨中纯弯段出现 3 条竖向裂缝；当剪力达到 163.0kN 时，弯剪段出现 1 条斜裂缝；破坏前试件纯弯段裂缝最大宽度为 1.40mm，开展高度约 280mm，弯剪段裂缝最大宽度为 0.1mm，开展高度约 260mm；破坏时桩身裂缝主要分布在接头两侧－200～＋1500mm 范围内，共有 9 条主要裂缝，多条裂缝出现分叉现象，跨中裂缝上部连接成片。T-FZ-C350-300 异型方桩连接接头试件受剪裂缝分布如图 2.23 所示。

T-FZ-B750-530 异型方桩连接接头试件在弯剪段剪力达到 476.7kN 时，跨中纯弯段出现 5 条竖向裂缝；当剪力达到 655.6kN 时，弯剪段出现 1 条斜裂缝；当弯剪段剪力达到 910.0kN 时，试件纯弯段裂缝最大宽度为 0.60mm，开展高度约 360mm，弯剪段裂缝最大宽度为 0.26mm，开展高度约 630mm；此时桩身裂缝主要分布在接头两侧－400～＋2000mm 范围内，共有 9 条主要裂缝，裂缝上端向跨中开展。T-FZ-B750-530 异型方桩连接接头试件受剪裂缝分布如图 2.24 所示。

T-FZ-B850-600 异型方桩连接接头试件在弯剪段剪力达到 614.9kN 时，跨中纯弯段出现 1 条竖向裂缝；当剪力达到 807.1kN 时，弯剪段出现 1 条斜裂缝；当弯剪段剪力达

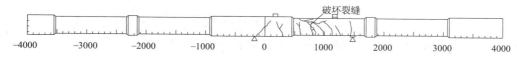

图 2.23　T-FZ-C350-300 异型方桩连接接头试件受剪裂缝分布图

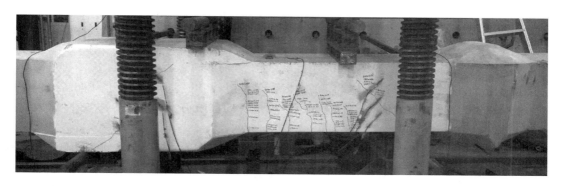

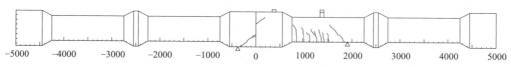

图 2.24　T-FZ-B750-530 异型方桩连接接头试件受剪裂缝分布图

到 987.5kN 时，试件纯弯段裂缝最大宽度为 0.20mm，开展高度约 330mm，弯剪段裂缝最大宽度为 0.10mm，开展高度约 300mm；此时桩身裂缝主要分布在接头一侧 +900～+1600mm 范围内，共有 9 条主要裂缝，裂缝主要呈竖向开展。T-FZ-B850-600 异型方桩连接接头试件受剪裂缝分布如图 2.25 所示。

（3）应变发展

图 2.26 为各异型方桩连接接头试件的荷载-应变曲线，应变片编号见图 2.20，为保证数据图的可读性，拉应变达到 1000με 后不再给出应变数据。

通过对 3 根螺锁式预应力混凝土异型方桩连接接头试件的足尺抗剪承载力试验，可将试验结果小结如下：

①T-FZ-C350-300 异型方桩连接接头试件的开裂剪力试验值为 163.0kN，较桩身的开裂剪力计算值 181.1kN 偏小 10%，试件的极限剪力试验值为 347.0kN，较桩身的极限剪力计算值 215.9kN 偏大 61%；T-FZ-B750-530 异型方桩连接接头试件的开裂剪力试验值为 655.6kN，较桩身的开裂剪力计算值 595.8kN 偏大 10%，试件的极限剪力试验值高于 910.0kN，较桩身的极限剪力计算值 699.9kN 偏大 30% 以上；T-FZ-B850-600 异型方桩

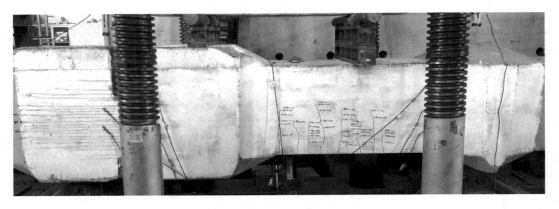

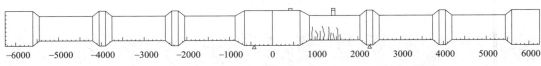

图 2.25　T-FZ-B850-600 异型方桩连接接头试件受剪裂缝分布图

连接接头试件的开裂剪力试验值为 807.1kN，较桩身的开裂剪力计算值 768.7kN 偏大 5%，试件的极限剪力试验值高于 987.5kN，较桩身的极限剪力计算值 940.5kN 偏大 5% 以上。

②T-FZ-C350-300 异型方桩连接接头试件破坏时桩身裂缝主要分布在接头两侧 -200～ +1500mm 范围内，共有 9 条主要裂缝；当 T-FZ-B750-530 异型方桩连接接头试件弯剪段剪力达到 910.0kN 时，桩身裂缝主要分布在接头两侧 -400～+2000mm 范围内，共有 9 条主要裂缝；当 T-FZ-B850-600 异型方桩连接接头试件弯剪段剪力达到 987.5kN 时，桩身裂缝主要分布在接头一侧 +900～+1600mm 范围内，共有 9 条主要裂缝。T-FZ-B750-530 和 T-FZ-B850-600 异型方桩连接接头试件没有加载至破坏，而 T-FZ-C350-300 异型方桩连接接头试件的破坏形式为桩身受弯破坏，破坏时跨中底部预应力钢棒被拉断。

③3 根异型方桩连接接头试件在桩身裂缝出现前，各测点应变呈线性增长；试件跨中受压区测点应变随荷载增加稳定增长，弯剪段测点应变与斜裂缝开展密切相关；部分应变片读数因两侧裂缝开展导致混凝土收缩而减小。

3. 抗拉性能

螺锁式预应力混凝土异型方桩连接接头抗拉试件由 2 根长 1.65m 的方桩拼接而成，总长为 3.3m。由于桩长较短，对于 T-FZ-B750-530 和 T-FZ-B850-600 异型方桩，模具制作比较困难，因此桩身均设计为大截面。

1）理论计算

采用方桩桩身承载能力来评估螺锁式预应力混凝土方桩连接接头试件的承载能力，异型方桩桩身承载能力按照式（2.6）、式（2.7）进行计算。

2）试验加载

（1）加载装置及测点布置

使用 YAW-10000F 型微机控制电液伺服多功能试验机，对方桩试件进行加载，其中方桩试件竖向布置，上下通过连接板分别与试验机端头和地面锚固，试验加载装置如图

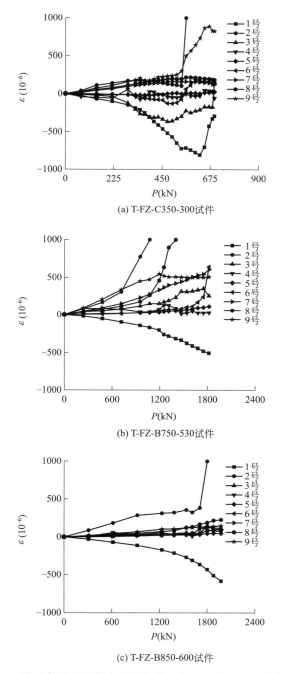

(a) T-FZ-C350-300试件

(b) T-FZ-B750-530试件

(c) T-FZ-B850-600试件

图 2.26 异型方桩连接接头试件抗剪承载力试验混凝土应变发展

2.27 所示。应变片采用 $50 \times 3mm$ 型电阻应变片，位移计采用 YHD-100 型位移传感器，采集装置采用 DH3816N 型静态应变测试分析系统。应变片和位移计布置及编号如图 2.28 所示。应变片分布情况为：靠近接头两侧桩身截面、1/4 和 3/4 桩长截面，每一截面中心对称布置 4 个应变测点，共 16 片应变片。位移计分布情况为：在方桩底部及顶部，以方桩轴线为中心两边对称布置 2 支位移计，共 4 支位移计。

图 2.27　螺锁式预应力混凝土异型方桩连接
接头试件抗拉加载实物图

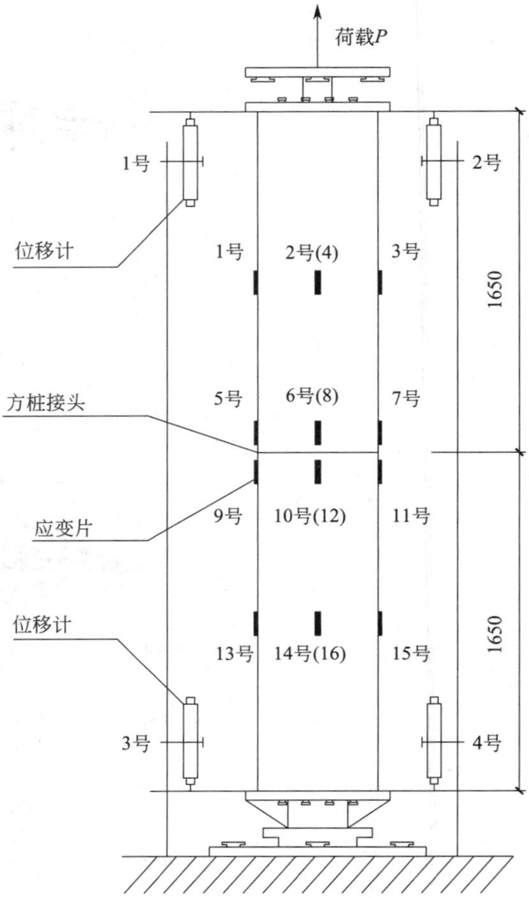

图 2.28　螺锁式预应力混凝土异型方桩连接
接头试件抗拉加载示意图

预应力混凝土方桩试件桩身截面拉力计算公式为：

$$N = P \tag{2.11}$$

式中：N——方桩试件桩身截面拉力试验值；

　　　P——试验机荷载值。

（2）加载制度

首先进行预加载。为防止方桩在预加载时产生裂缝，加载量控制在方桩开裂剪力的 50% 以内，分三级加载，每级稳定时间为 1min，然后分级卸载，3 级卸完。预加载中检查各个仪表设备的工作状况是否良好，预加载后，调整好仪表并记录初始读数。

正式加载过程如下：

①按 20% 轴心开裂拉力的级差由零加载至轴心开裂拉力的 80%，每级荷载的持续时间为 3min，然后按 10% 轴心开裂拉力的级差继续加载至轴心开裂拉力的 100%。每级荷

载的持续时间为 3min，观察是否有裂缝出现，测定并记录裂缝宽度。

②如果达到轴心开裂拉力时仍未出现裂缝，则按 5% 轴心开裂拉力的级差继续加载至裂缝出现，每级荷载的持续时间为 3min，测定并记录裂缝宽度。

③开裂后，按 5% 轴心极限拉力的级差继续加载至轴心极限拉力的 100%，每级荷载的持续时间为 3min，观测并记录各项读数。

④改为位移加载，直至方桩承载力下降破坏，每级荷载的持续时间为 3min，观测并记录各项读数。

当在加载过程中第一次出现裂缝时，应取前一级荷载值作为开裂荷载实测值；当在规定的荷载持续时间内第一次出现裂缝时，应取本级荷载值与前一级荷载值的平均值作为开裂荷载实测值；当在规定的荷载持续时间结束后第一次出现裂缝时，应取本级荷载值作为开裂荷载实测值。当出现以下情形之一的，应终止加载：①桩身折断；②水平位移超过 30～40mm；③水平位移达到设计要求的水平位移允许值。取该情形下的前一级荷载值为抗拉极限承载力。

3) 试验结果

(1) 抗拉承载力

图 2.29 所示为试验测得的试件荷载-桩身位移曲线。每条曲线中，一个标识点代表一级加载步所对应的试验机荷载值和试件桩身位移值。从试件轴向荷载-桩身位移曲线可知，在初始加载阶段，轴向荷载和位移呈现良好的线性，且初始刚度较大，试件连接接头处未发生相对位移。表 2.10 所示为试验测得的异型方桩连接接头试件的轴心开裂拉力试验值 N_{cr}^t、轴心极限拉力试验值 N_u^t 和理论公式计算得到的桩身轴心开裂拉力计算值 N_{cr}^c、轴心极限拉力计算值 N_u^c。

异型方桩连接接头试件抗拉承载力试验结果　　　　表 2.10

试件规格	N_{cr}^c(kN)	N_{cr}^t(kN)	N_u^c(kN)	N_u^t(kN)
T-FZ-C350-300	620.5	651.5	868.3	904.0
T-FZ-B750-530	1840.6	—	2457.2	2633.0
T-FZ-B850-600	2303.2	—	3071.4	>2830.0

由于试验机拉伸量程的限制，T-FZ-B850-600 异型方桩连接接头试件没有加载至破坏。T-FZ-C350-300 异型方桩连接接头试件的破坏形式为桩端与上连接板被拉开，而 T-FZ-B750-530 异型方桩连接接头试件的破坏形式为桩端与下连接板被拉开。试件桩端破坏截面上，大多数为预应力钢棒镦头被拉断，少数为锚固螺栓从螺母中拔出，如图 2.30 所示。

(2) 裂缝分布

T-FZ-C350-300 异型方桩连接接头试件在桩身截面拉力达到 651.5kN 时，桩身小截面处出现 1 条水平裂缝；破坏前试件桩身最大裂缝宽度为 0.78mm，位于连接接头上方约 230mm 处；破坏时桩身裂缝主要分布在接头两侧－1400～+1300mm 范围内，共有 12 条主要裂缝，裂缝分布较为均匀。T-FZ-C350-300 异型方桩连接接头试件受拉裂缝分布如图 2.31 所示。

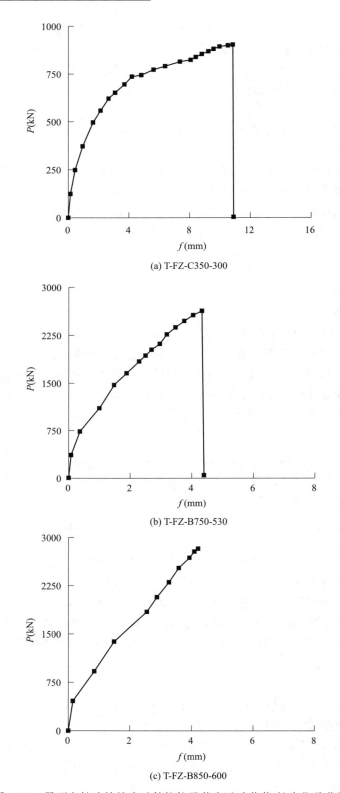

(a) T-FZ-C350-300

(b) T-FZ-B750-530

(c) T-FZ-B850-600

图 2.29　异型方桩连接接头试件抗拉承载力试验荷载-桩身位移曲线

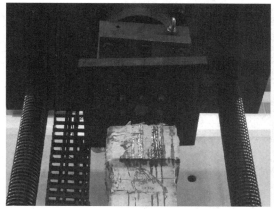
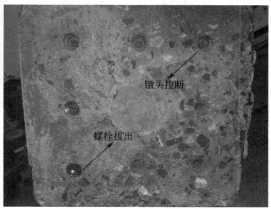

(a) T-FZ-C350-300 上连接板拉开   (b) T-FZ-C350-300 破坏截面

(c) T-FZ-B750-530 下连接板拉开   (d) T-FZ-B750-530 破坏截面

图 2.30   异型方桩连接接头试件受拉破坏形式

T-FZ-B750-530 异型方桩连接接头试件在桩身截面拉力达到 2633.0kN 时，发生破坏，桩端与下连接板被拉开，桩身没有出现明显裂缝。T-FZ-B750-530 异型方桩连接接头试件受拉裂缝分布如图 2.32 所示。

T-FZ-B850-600 异型方桩连接接头试件在桩身截面拉力达到 2830.0kN 时，桩身没有出现明显裂缝，试件也没有破坏。T-FZ-B850-600 异型方桩连接接头试件受拉裂缝分布如图 2.33 所示。

（3）应变发展

图 2.34 为各异型方桩连接接头试件的荷载-应变曲线，应变片编号见图 2.28，为保证数据图的可读性，拉应变达到 $1000\mu\varepsilon$ 后不再给出应变数据。

通过对 3 根螺锁式预应力混凝土异型方桩连接接头试件的足尺抗拉承载力试验，可将试验结果小结如下：

①T-FZ-C350-300 异型方桩连接接头试件的轴心开裂拉力试验值为 651.5kN，较桩身的轴心开裂拉力计算值 620.5kN 偏大 5%，试件的轴心极限拉力试验值为 904.0kN，较桩

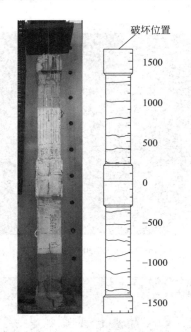

图 2.31　T-FZ-C350-300 异型方桩连接接头
试件受拉裂缝分布图

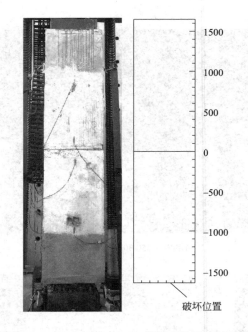

图 2.32　T-FZ-B750-530 异型方桩连接接头
试件受拉裂缝分布图

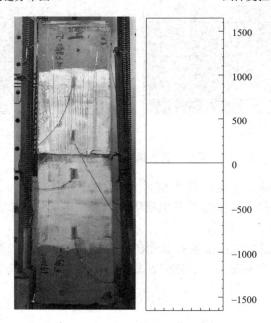

图 2.33　T-FZ-B850-600 异型方桩连接接头试件受拉裂缝分布图

身的轴心极限拉力计算值 868.3kN 偏大 4%；T-FZ-B750-530 异型方桩连接接头试件破坏时桩身没有出现明显裂缝，试件的轴心极限拉力试验值为 2633.0kN，较桩身的轴心极限拉力计算值 2457.2kN 偏大 7%；T-FZ-B850-600 异型方桩连接接头试件加载至 2830.0kN时，试件轴心拉力为桩身的轴心极限拉力计算值 3071.4kN 的 92%，桩身没有出现明显裂缝，试件也没有破坏。

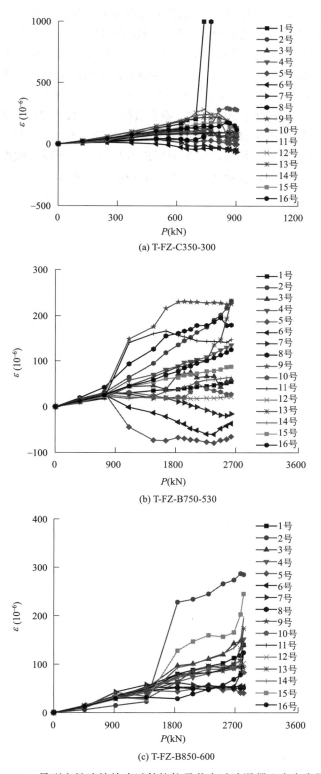

(a) T-FZ-C350-300

(b) T-FZ-B750-530

(c) T-FZ-B850-600

图 2.34 异型方桩连接接头试件抗拉承载力试验混凝土应变发展

②T-FZ-C350-300 异型方桩连接接头试件破坏时桩身裂缝主要分布在接头两侧－1400～1300mm 范围内,共有 12 条主要裂缝,裂缝分布较为均匀;T-FZ-B750-530 异型方桩连接接头试件破坏时桩身没有出现明显裂缝;T-FZ-B850-600 异型方桩连接接头试件没有加载至破坏,桩身没有出现明显裂缝。T-FZ-C350-300 异型方桩连接接头试件的破坏形式为桩端与上连接板被拉开,而 T-FZ-B750-530 异型方桩连接接头试件的破坏形式为桩端与下连接板被拉开,桩端破坏截面上,大多数为预应力钢棒镦头被拉断,少数为锚固螺栓从螺母中拔出。

③3 根异型方桩连接接头试件在荷载较小时,各测点应变呈线性增长;随着荷载增加,方桩连接接头部位被逐渐拉开,接头附近应变片读数因混凝土收缩而减小;大部分测点应变为拉应变且数值不大,少数应变片由于断裂而失去作用。

第 3 章 机械连接预应力混凝土异型桩竖向受荷承载特性

3.1 概述

　　竖向受荷下单桩的受力性状是桩基设计的基础。由于桩型不同、桩基尺寸不同、桩的施工方式和场地条件各异，桩基的受力形状也不尽相同。当竖向抗压荷载作用于桩顶时，桩身混凝土受到压缩而产生相对于土的向下位移，形成抵抗桩向下位移的正摩阻力。桩顶荷载通过侧摩阻力传递给桩周土，造成桩身轴力和桩身压缩随深度递减。当荷载较小时，桩身上部侧摩阻力逐渐发挥作用，此时桩端沉降为零，桩顶沉降来自桩身压缩，此时表现为纯摩擦型桩；随着荷载的增加，桩侧下部土层侧摩阻力逐渐发挥，桩端发挥作用，桩端开始沉降，此时试桩由纯摩擦型桩转变为端承摩擦型桩。当荷载进一步增大时，端阻逐渐增大，桩端发生刺入变形，全桩侧摩阻力完全发挥作用并出现侧摩阻力软化现象（即当桩顶荷载达到某一值，桩侧摩阻力完全发挥作用，随荷载增加桩侧摩阻力会有不同程度的减小，即发生侧摩阻力软化现象）。

　　本章从预应力混凝土异型桩竖向抗压静载试验和竖向承载特性数值模拟入手，主要介绍竖向受荷桩-土荷载传递性状、竖向受荷桩单桩的受力性状及影响因素、竖向承载力计算等内容。

3.2 机械连接预应力混凝土异型桩竖向抗压静载试验

　　竖向抗压静载试验采用接近于竖向抗压桩的实际工作条件的试验方法，分级加载，并观测沉降，记录单桩桩顶荷载和单桩沉降的关系，确定单桩竖向抗压极限承载力，作为设计依据，或对工程桩的承载力进行抽样检验和评价。当埋设有桩底反力和桩身应力、应变测量元件时，可直接测定桩周侧摩阻力和桩端阻力；当桩端埋设有沉降管时，可观测不同荷载水平下的桩端位移。试验通过油压千斤顶进行分级加载，加载装置根据现场条件选择压重平台反力装置、锚桩横梁反力装置、锚桩压重联合反力装置和 Osterberg 法试验装置（自平衡法试验装置）四种形式。规范中对不同工程试桩数量也有规定。《建筑地基基础设计规范》GB 50007 规定：同一条件下的试桩数量不得少于总桩数的 1%，且不少于 3 根；《建筑基桩检测技术规范》JGJ 106 规定：同一条件下的试桩数量不得少于总桩数的 1%，且不应少于 3 根，总桩数在 50 根以内时，不应少于 2 根。

　　本节通过 3 根普通预应力管桩和 3 根预应力混凝土异型管桩（简称"异型管桩"）的静荷载试验，利用静压桩架作荷重-反力架装置，对比分析两种不同类型桩的承载力性能，对异型管桩的荷载传递机理和承载变形特性进行分析研究。

3.2.1　工程概况

某拟建工程位于杭州市西湖区袁浦镇兰溪口村三号桥西 100m。本工程为四层的搅拌楼，主体采用框架结构。基础设计采用普通预应力管桩和异型管桩，桩长 15m，桩身采用 C60 混凝土，普通预应力管桩桩径为 $\phi500$mm，壁厚为 115mm；预应力混凝土异型管桩环向肋处桩径为 $\phi500$mm，其他桩体桩径为 $\phi430$mm，壁厚也为 115mm；桩持力层为 2～4 层砂质粉土层，入持力层深度为 1.5m，单桩竖向承载力设计值为 870kN。场地地层及物理力学性质指标见表 3.1。

土层物理土层性质指标　　　　　　　　　　　　　　　　表 3.1

序号	土层名称	层厚 (m)	天然含水量(%)	天然重度 γ_1 (kN/m³)	黏聚力 c(kPa)	内摩擦角 φ(°)	压缩模量 E^S_{1-2}(MPa)	地基承载力标准值 f_k(kPa)	桩侧摩阻力特征值 q_s(kPa)	桩端阻力标准值 q_p (kPa)
①₁	杂填土	1.48	—	—	—	—	—	80	—	—
①₂	素填土	1.10	—	—	—	—	—	40	—	—
②₁	黏质粉土	4.55	29.3	19.1	14.0	18.1	5.7	120	22	—
②₂	黏质粉土	4.72	26.1	19.5	9.1	18.9	6.8	140	26	—
②₃	砂质粉土	4.00	25.2	19.8	10.3	22.9	7.3	150	24	—
②₄	砂质粉土	9.43	25.6	19.4	6.0	29.0	12.3	180	35	1500
③	淤泥质粉质黏土	7.30	40.2	17.7	5.4	5.1	2.9	85	15	—
④	粉砂夹粉质黏土	5.00	24.0	20.0	12.6	24.4	9.0	190	30	1500
⑤	圆砾	7.30	—	—	—	—	18.0	300	55	3000

3.2.2　试桩特征

本次 6 根试验桩的截面特征见表 3.2。

试桩截面特征　　　　　　　　　　　　　　　　表 3.2

桩型	编号	桩长(m)	桩体外径 (mm)	环向凸肋直径 (mm)	纵向凸肋厚度 (mm)	环向肋间距 (mm)
普通管桩	S1	15	500	—	—	—
异型管桩	S2	15	430	500	35	1000
普通管桩	S3	15	500	—	—	—
普通管桩	S4	15	500	—	—	—
异型管桩	S5	15	430	500	35	1000
异型管桩	S6	15	430	500	35	1000

3.2.3 试验方法及说明

本试验利用静压桩架作荷重-反力架装置，并用千斤顶反力加载-百分表测读桩顶沉降的试验方法。试验按照《建筑基桩检测技术规范》JGJ 106—2014 和浙江省《建筑地基基础设计规范》DB33/T 1136—2017 有关规定的慢速维持荷载法加载。其有关参数如下：

1）荷载分级为设计预估计最大试验荷载的 1/8～1/12 取值，第一级取其 2 倍。

2）每级荷载按 1min、5min、15min、30min、45min、60min、90min……各观测一次，直至每小时沉降增量小于 0.1mm 为止，同时加下一级荷载。

3）本次试验采用上海千斤顶厂的 320t 千斤顶，预先在浙江省质量技术监督检测研究院作了标定，标定证书编号为 LX-2007030179，百分表由成都量具刃具股份有限公司生产，检定证书为 CD-2007030866。

4）终止加载条件，当出现下列情况之一时即可终止加载：①某级荷载作用下，桩的沉降量为前一级荷载作用下沉降量的 5 倍；②某级荷载作用下，桩的沉降量大于前一级荷载作用下沉降量的 2 倍，且经 24h 尚未达到相对稳定；③已达到预定加载值。

5）单桩极限承载力确定方法如下：①根据沉降随荷载的变化特征确定，对陡降型的荷载-沉降曲线（Q-s），取 Q-s 曲线明显陡降段的起始点所对应的荷载；②根据沉降量确定，对于缓变型 Q-s 曲线，取 $s=40～60mm$ 对应的荷载，对于大直径桩取 $s=0.03～0.06D$（D 为桩端直径），大桩径取低值、小桩径取高值所对应的荷载，对细长桩（$L/d>80$），取 $s=60～80mm$ 对应的荷载。

6）卸载方式按规范进行。

按上述要求进行了 6 根试桩的静载荷试验，试验结果见表 3.3。

各试桩试验结果　　　　　　　　　　　　　　　　　　表 3.3

桩型	试桩编号	试验间歇时间(d)	压桩最大值(kN)	最终沉降(mm)	残余沉降(mm)
普通管桩	S1	8	1280	58.29	57.62
异型管桩	S2	8	1664	51.70	50.85
普通管桩	S3	20	2340	93.31	89.37
普通管桩	S4	20	2280	77.95	75.68
异型管桩	S5	20	2500	16.37	10
异型管桩	S6	20	2725	48.91	39

3.2.4 试验结果整理

1. S1 试桩

S1 试桩加载至 1280kN，桩身总沉降 58.29mm，超过设计要求 410kN，停止加载。每级荷载、沉降如表 3.4 所示。Q-s 曲线及 s-$\lg t$ 曲线分别见图 3.1 和图 3.2。

S1 试桩试验数据表　　　　　　　　　　　　　　　　　　表 3.4

荷重(kN)			桩顶沉降量(mm)			变形 $\Delta s/\Delta P$
加载	卸载	累计	本次沉降	本次回弹	累计沉降	(mm/kN)
0	—	0	0	—	0	0.0000
348	—	348	1.38	—	1.38	0.00395
174	—	522	1.11	—	2.49	0.00638

荷重（kN）			桩顶沉降量（mm）			变形 $\Delta s/\Delta P$
加载	卸载	累计	本次沉降	本次回弹	累计沉降	（mm/kN）
174	—	696	1.26	—	3.75	0.00724
174	—	870	1.54	—	5.29	0.00851
174	—	1044	1.75	—	7.04	0.01006
174	—	1218	2.06	—	9.10	0.01184
62	—	1280	49.19	—	58.29	0.793387
—	236	1044		0.03	58.26	—
—	348	696		0.09	58.17	—
—	348	348		0.21	57.96	—
—	348	0		0.34	57.62	—

　　S1 试桩（桩径 500mm，桩长 15m）：按规定荷载级别加载至第一级荷载 348kN 时，桩顶累计沉降量为 1.38mm；加至第五级荷载 1044kN 时，桩顶累计沉降量为 7.04mm；继续加载至第七级荷载 1280kN 时，桩顶本次沉降突然加大为 49.19mm，桩顶累计沉降量达 58.29mm，此时 $Q\text{-}s$ 曲线（图 3.1）出现陡降段，$s\text{-}\lg t$ 曲线（图 3.2）也出现陡降段，此时桩发生了整体剪切破坏。卸载后桩顶回弹量为 0.67mm，桩顶残余沉降量为 57.62mm，取 1218kN 作为 S1 试桩的单桩竖向承载力极限值。

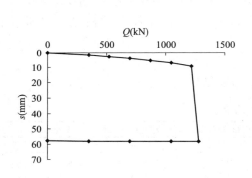

图 3.1　S1 试桩 $Q\text{-}s$ 曲线

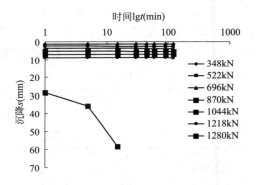

图 3.2　S1 试桩 $s\text{-}\lg t$ 曲线

2. S2 试桩

　　S2 试桩加载至 1664kN，桩身总沉降 51.70mm，超过设计要求 794kN，停止加载。每级荷载、沉降如表 3.5 所示。$Q\text{-}s$ 曲线及 $s\text{-}\lg t$ 曲线分别见图 3.3 和图 3.4。

S2 试桩试验数据表　　　　　　　　　　　表 3.5

荷重（kN）			桩顶沉降量（mm）			变形 $\Delta s/\Delta P$
加载	卸载	累计	本次沉降	本次回弹	累计沉降	（mm/kN）
0	—	0	0.00		0.00	0.00000
348	—	348	1.33	—	1.33	0.00382
174	—	522	1.21	—	2.54	0.00695
174	—	696	1.59	—	4.13	0.00914
174	—	870	1.96	—	6.09	0.01126

续表

荷重(kN)			桩顶沉降量(mm)			变形 $\Delta s/\Delta P$ (mm/kN)
加载	卸载	累计	本次沉降	本次回弹	累计沉降	
174	—	1044	2.16	—	8.25	0.01241
174	—	1218	2.63	—	10.88	0.01511
174	—	1392	3.58	—	14.46	0.02057
174	—	1566	3.80	—	18.26	0.02184
98	—	1664	33.44	—	51.70	0.34000
—	610	1044	—	0.03	51.67	
—	348	696	—	0.12	51.55	
—	348	348	—	0.28	51.27	
—	348	0	—	0.42	50.85	

S2 试桩（桩径 500～430mm，桩长 15m）：按规定荷载级别加载至第一级荷载 348kN 时，桩顶累计沉降量为 1.33mm；加到第五级荷载 1044kN 时，桩顶累计沉降量为 8.25mm；继续加载至第九级荷载 1664kN 时，桩顶本次沉降突然加大为 33.44mm，桩顶累计沉降量达 51.70mm，此时 Q-s 曲线（图 3.3）出现陡降段，s-lgt 曲线（图 3.4）也出现陡降段，此时桩发生了整体剪切破坏。卸载后桩顶回弹量为 0.87mm，桩顶残余沉降量为 50.85mm，取 1566kN 作为 S2 试桩的单桩竖向承载力极限值。

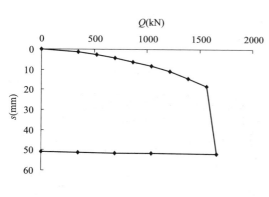

图 3.3 S2 试桩 Q-s 曲线

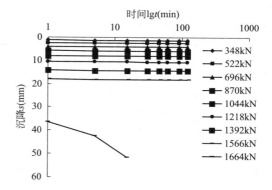

图 3.4 S2 试桩 s-lgt 曲线

3. S3 试桩

S3 试桩加载至 2340kN，桩身总沉降 93.31mm，超过设计要求 1470kN，停止加载。每级荷载、沉降如表 3.6 所示。Q-s 曲线及 s-lgt 曲线分别见图 3.5 和图 3.6。

S3 试桩试验数据表　　　　表 3.6

荷重(kN)			桩顶沉降量(mm)			变形 $\Delta s/\Delta P$ (mm/kN)
加载	卸载	累计	本次沉降	本次回弹	累计沉降	
0	—	0	0.00	—	0.00	0.00000
360	—	360	0.86	—	0.86	0.00239

荷重(kN)			桩顶沉降量(mm)			变形 $\Delta s/\Delta P$ (mm/kN)
加载	卸载	累计	本次沉降	本次回弹	累计沉降	
180	—	540	0.71	—	1.57	0.00394
180	—	720	1.15	—	2.72	0.00639
180	—	900	1.32	—	4.04	0.00733
180	—	1080	1.66	—	5.70	0.00922
180	—	1260	1.41	—	7.11	0.00783
180	—	1440	1.42	—	8.53	0.00789
180	—	1620	1.66	—	10.19	0.00922
180	—	1800	1.96	—	12.15	0.01089
180	—	1980	2.05	—	14.20	0.01139
180	—	2160	9.36	—	23.56	0.05200
180	—	2340	69.75	—	93.31	0.38750
—	360	1980	—	1.73	91.58	—
—	360	1620	—	1.65	89.93	—
—	360	1260	—	0.15	89.78	—
—	360	900	—	0.13	89.65	—
—	360	540	—	0.09	89.56	—
—	360	180	—	0.10	89.46	—
—	180	0	—	0.09	89.37	—

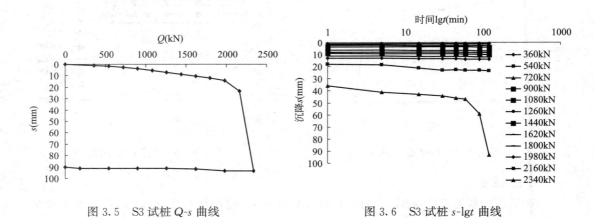

图 3.5　S3 试桩 Q-s 曲线　　　　　　图 3.6　S3 试桩 s-lg$t$ 曲线

　　S3 试桩（桩径 500mm、桩长 15m）：按规定荷载级别加载至第一级荷载 360kN 时，桩顶累计沉降量为 0.86mm；加至第五级荷载 1080kN 时，桩顶累计沉降量为 5.70mm；加载至第十级荷载 1980kN 时，桩顶本次沉降突然加大为 14.20mm，继续加载至第十二级荷载 2340kN 时，桩顶本次沉降量突然加大为 69.75mm，累计沉降量达 93.31mm，此时 Q-s 曲线（图 3.5）出现陡降段，s-lg$t$ 曲线（图 3.6）也出现陡降段，此时桩发生了整体剪切破坏。卸载后桩顶回弹量为 3.94mm，桩顶残余沉降量为 89.37mm，取 2160kN 作为 S3 试桩的单桩竖向承载力极限值。

4. S4 试桩

　　S4 试桩加载至 2280kN，桩身总沉降 77.95mm，超过设计要求 1410kN，停止加载。每级荷载、沉降如表 3.7 所示。Q-s 曲线及 s-lg$t$ 曲线分别见图 3.7 和图 3.8。

S4 试桩试验数据表　　　　　　　　　　　　　　　　　　表 3.7

荷重（kN）			桩顶沉降量（mm）			变形 $\Delta s/\Delta P$ （mm/kN）
加载	卸载	累计	本次沉降	本次回弹	累计沉降	
0	—	0	0.00	—	0.00	0.00000
400	—	400	0.92	—	0.92	0.00239
200	—	600	0.89	—	1.81	0.00394
200	—	800	1.30	—	3.11	0.00639
200	—	1000	1.65	—	4.76	0.00733
200	—	1200	2.20	—	6.96	0.00922
200	—	1400	4.21	—	11.17	0.00783
200	—	1600	6.59	—	17.76	0.00789
200	—	1800	10.88	—	28.64	0.00922
200	—	2000	12.71	—	41.35	0.01089
2200	—	2200	13.23	—	54.58	0.01139
80	—	2280	23.37	—	77.95	0.05200
—	400	1880	—	0.12	77.83	0.38750
—	400	1480	—	0.15	77.68	—
—	400	1080	—	1.45	76.23	—
—	400	680	—	0.25	75.98	—
—	400	280	—	0.19	75.79	—
—	280	0	—	0.11	75.68	—

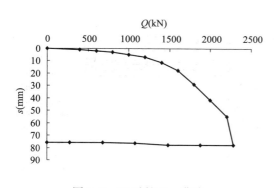

图 3.7　S4 试桩 Q-s 曲线

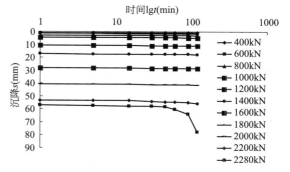

图 3.8　S4 试桩 s-lg$t$ 曲线

　　S4 试桩（桩径 500mm、桩长 15m）：按规定荷载级别加载至第一级荷载 400kN 时，桩顶累计沉降量为 0.92mm；加至第八级荷载 1800kN 时，桩顶累计沉降量为 28.64mm，继续加载至第十一级荷载 2280kN 时，桩顶本次沉降量突然加大为 23.37mm，累计沉降量达 77.95mm，此时 Q-s 曲线（图 3.7）出现陡降段，s-lg$t$ 曲线（图 3.8）也出现陡降段，此时桩发生了整体剪切破坏。卸载后桩顶回弹量为 2.27mm，桩顶残余沉降量为 75.68mm，取 2200kN 作为 S4 试桩的单桩竖向承载力极限值。

5. S5 试桩

S5 试桩加载至 2500kN，桩身总沉降 16.37mm，超过设计要求 1630kN，停止加载。每级荷载、沉降如表 3.8 所示。Q-s 曲线及 s-lg$t$ 曲线分别见图 3.9 和图 3.10。

S5 试桩试验数据表　　　　　　　　　　　　　　　　　　表 3.8

荷重（kN）			桩顶沉降量（mm）			变形 $\Delta s/\Delta P$（mm/kN）
加载	卸载	累计	本次沉降	本次回弹	累计沉降	
0	—	0	0	—	0.00	0.00000
500	—	500	1.54	—	1.54	0.00308
250	—	750	1.06	—	2.60	0.00424
250	—	1000	1.44	—	4.04	0.00576
250	—	1250	1.71	—	5.75	0.00684
250	—	1500	1.82	—	7.57	0.00728
250	—	1750	1.97	—	9.54	0.00788
250	—	2000	2.03	—	11.57	0.00812
250	—	2250	2.06	—	13.63	0.00824
250	—	2500	2.74	—	16.37	0.01096
—	500	2000	—	0.20	16.17	—
—	500	1500	—	0.77	15.40	—
—	500	1000	—	1.16	14.24	—
—	500	500	—	1.87	12.37	—
—	500	0	—	2.37	10.00	—

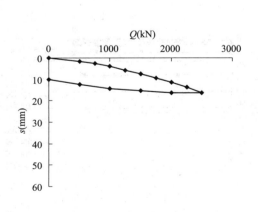

图 3.9　S5 试桩 Q-s 曲线

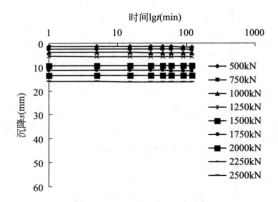

图 3.10　S5 试桩 s-lg$t$ 曲线

S5 试桩（桩径 500～430mm、桩长 15m）：按规定荷载级别加载至第一级荷载 500kN

时，桩顶累计沉降量为 1.54mm；加载至第五级荷载 1500kN 时，桩顶累计沉降量为 7.57mm；继续加载至第九级荷载 2500kN 时，桩顶累计沉降量达 16.37mm，此时 Q-s 曲线（图 3.9）和 s-lg$t$ 曲线（图 3.10）均未出现陡降段，卸载后桩顶回弹量为 6.37mm，桩顶残余沉降量为 10.00mm，取 2250kN 作为 S5 试桩的单桩竖向承载力极限值。

6. S6 试桩

S6 试桩加载至 2725kN，桩身总沉降 48.91mm，超过设计要求 1855kN，停止加载。每级荷载、沉降如表 3.9 所示。Q-s 曲线及 s-lg$t$ 曲线分别见图 3.11 和图 3.12。

S6 试桩试验数据表 表 3.9

荷重(kN)			桩顶沉降量(mm)			变形 $\Delta s/\Delta P$ (mm/kN)
加载	卸载	累计	本次沉降	本次回弹	累计沉降	
0		0	0.00	—	0.00	0.00000
350	—	350	0.89	—	0.89	0.00254
175	—	525	0.65	—	1.54	0.00371
175	—	700	0.39	—	1.93	0.00223
175	—	875	1.25	—	3.18	0.00714
175	—	1050	1.64	—	4.82	0.00937
175	—	1225	1.97	—	6.79	0.01125
175	—	1400	2.25	—	9.04	0.01285
175	—	1575	2.37	—	11.41	0.01354
175	—	1750	2.60	—	14.01	0.01485
175	—	1925	2.98	—	16.99	0.01703
175	—	2100	3.20	—	20.19	0.01829
175	—	2275	3.33	—	23.52	0.01902
175	—	2450	3.41	—	26.93	0.01949
175	—	2625	3.73	—	30.66	0.02131
100	—	2725	18.20	—	48.91	0.18200
—	525	2100	—	0.19	48.72	—
—	350	1750	—	0.86	47.86	—
—	350	1400	—	1.20	46.66	—
—	350	1050	—	1.49	45.17	—
—	350	700	—	1.63	43.54	—
—	350	350	—	1.96	41.58	—
—	350	0	—	2.58	39.00	—

S6 试桩（桩径 500～430mm、桩长 15m）：按规定荷载级别加载至第一级荷载 350kN 时，桩顶累计沉降量为 0.89mm；加载至第六级荷载 1225kN 时，桩顶累计沉降量为 6.79mm；继续加载至第十四级荷载 2625kN 时，桩顶累计沉降量达 30.66mm，桩顶累计沉降量达 48.91mm，此时 Q-s 曲线（图 3.11）出现了陡降段，s-lg$t$ 曲线（图 3.12）出现平缓下降段，卸载后桩顶回弹量为 9.91mm，桩顶残余沉降量为 39.00mm，取 2625kN

作为 S6 试桩的单桩竖向承载力极限值。

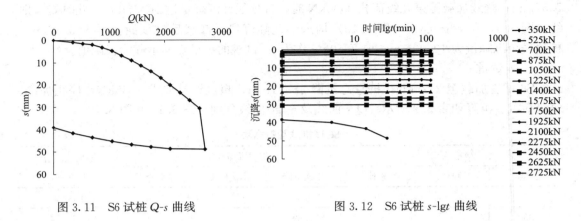

图 3.11　S6 试桩 Q-s 曲线　　　　　　　　图 3.12　S6 试桩 s-lg$t$ 曲线

3.2.5　试验结果分析

根据 6 根试桩静载荷试验的试验记录及相关曲线，归并于图 3.13，并按照有关规范的规定，分析如下：

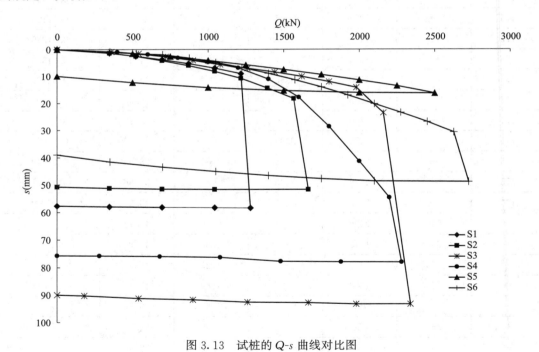

图 3.13　试桩的 Q-s 曲线对比图

1) S1 和 S2 的 Q-s 曲线线型相似，均呈陡降型，破坏特征点明显，表现出摩擦桩的特征，但它们具有不同的破坏点，S1 试桩较 S2 试桩在更小的荷载时出现拐点，而两试桩破坏时所产的变形大致相同。由此可知，较普通预应力管桩而言，异型管桩在受荷时产生了更大的桩侧摩阻力，极限承载力提高，而两者最后产生的桩端力相同。

2) S3 和 S4 的 Q-s 曲线形式都是介于陡降型和缓变型之间，当荷载超过陡降起始点，桩沉降的速率明显增大，沉降稳定时间骤增。

3）S5 的 Q-s 曲线呈缓变型，当加载到 2500kN 时，未出现明显的向下折线段和第二拐点，说明此时 S5 试桩没有达到极限状态。S6 的 Q-s 曲线呈缓变、陡降型，当加载到 2625kN 时，没有出现明显的向下折线段，最后由于桩身压缩量小和桩端沉降量小，在桩侧摩阻力尚未充分发挥作用的情况下，桩身材料强度先屈服破坏导致桩体破坏。S5 试桩和 S6 试桩的承载力较 S1 和 S2 更高，变形量较小；S5 试桩比 S6 试桩的 Q-s 曲线更缓变，研究分析认为：S5 试桩侧摩阻力发挥的作用比 S6 的要大。

4）尽管 6 根试桩是在相同试验条件下进行试验，但当桩表面粗糙程度发生变化之后，桩的承载力便出现了比较大的差异，从图 3.13 可以看出，在试验初始阶段，6 根试桩的 Q-s 曲线线型基本相似，随着桩顶施加的荷载不断增加，6 根试桩的承载力出现差别，相同试验间歇时间（8d）的 S1 试桩和 S2 试桩在较小的荷载下就出现较大的位移，S1 试桩的极限承载力、位移沉降较 S2 试桩小，S2 试桩的极限承载力比 S1 试桩提高了 30%；而相同试验间歇时间（20d）的 S3 试桩、S4 试桩、S5 试桩和 S6 试桩的 Q-s 曲线则在较大的荷载下才开始出现转折，承载力有了较大的提高，S6 试桩的极限承载力较 S3 试桩和 S4 试桩分别提高了 17% 和 20%。

上述试验结果表示，异型管桩的荷载变形曲线相对平缓，表现得更有后劲，极限承载力比等直径光滑圆管桩提高 30% 以上。

异型管桩承载力的增加，其主要原因是环肋间的土体在施工过程中受到挤压，且与环肋间的桩界面在施工完成后紧密相接处，这部分土体可与桩周土产生较大的侧阻力。异型管桩沿桩身改变桩型，增加了桩-土界面的粗糙度，可获得较大的桩侧摩阻力。由于异型管桩的施工方法与普通预应力管桩相同，一般采用静压法或锤击法施工，属于挤土桩，桩周土特别是环肋间土体的密实度大于原状土，大大改善了土体的受力性能，因此其承载性能得到提高。异型管桩在荷载作用下，环肋间的土体与桩周土体产生的侧阻力大于桩身与周围土体产生的侧阻力。

3.3 机械连接预应力混凝土异型桩竖向承载特性数值模拟

钻孔灌注桩的桩身粗糙度较大，有利于桩侧摩阻力发展；一般预应力管桩的桩身较光滑，但由于挤土效应，有利于桩侧摩阻力的发挥。与钻孔灌注桩和一般的预应力管桩相比，异型管桩具备了两者的优点：一方面，异型管桩属于挤土桩，有利于桩侧摩阻力的发挥；另一方面，由于桩侧有一定宽度的环状凸肋和一定厚度的挤土环绕，使得管桩的桩身粗糙度大大增强，桩侧土的摩阻力加强。

到目前为止，对异型管桩承载性状的研究工作较少。本节在计算分析及静载荷试验结果分析的基础上，通过数值模拟计算方法研究异型管桩的单桩承载力、竖向承载特性与环肋数的关系及增强系数影响因素。

3.3.1 ABAQUS 软件及 Mohr-Coulomb 土体模型简介

ABAQUS 有限元软件是国际上较先进的大型通用有限元分析软件之一，因其功能强大而得到广泛使用，从简单的线弹性问题到复杂的材料非线性和几何非线性问题均可采用该软件进行分析。

采用 Mohr-Coulomb 本构模型模拟地基土，大量的岩土工程问题都采用 Mohr-Coulomb 强度准则计算，用摩尔应力圆可表示为破坏应力圆与强度包线相切，如图 3.14 所示。

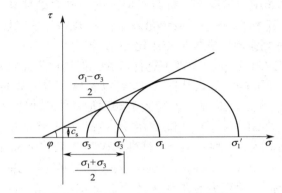

图 3.14　Mohr-Coulomb 破坏模型

在 π 平面，Mohr-Coulomb 屈服面为不等角的等边六边形，在三维主应力空间，Mohr-Coulomb 屈服面为棱锥面，中心轴线与等倾线重合，如图 3.15 所示。

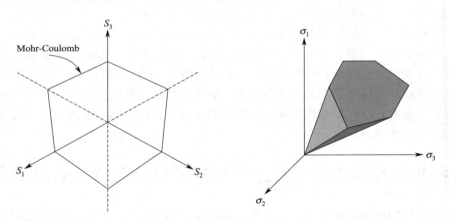

图 3.15　Mohr-Coulomb 在 π 平面上和三维应力空间的屈服面

3.3.2　模型参数

土体采用 Mohr-Coulomb 模型，弹性模量 $E_s = 25\text{MPa}$，摩擦系数 $f_s = 0.30$，摩擦角 $\varphi = 28°$，土体重度 $\gamma = 18\text{kN/m}^3$，黏聚力 $c_s = 25\text{kPa}$，泊松比 $\nu_s = 0.35$。异型管桩的单节长度为 $L = 10\text{m}$，本计算模型取两节作算例，长度为 20m，土体宽度取 6m，深度为 40m。根据已有的研究成果，基桩承载范围内，桩周土体发生塑性变形的部分为紧挨着桩身的局部土体。因此，在计算中，土体的塑性区取 2 倍桩身直径的范围，异型管桩及环肋局部图、模型整体及剖面如图 3.16 所示。

为简化分析问题，作如下基本假定：

1）假定土层为各向同性的均质体，且同一土层的压缩模量不随深度变化；

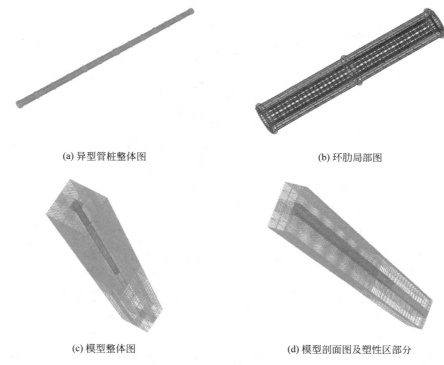

(a) 异型管桩整体图　　　　　　　　　　(b) 环肋局部图

(c) 模型整体图　　　　　　　　　　(d) 模型剖面图及塑性区部分

图 3.16　桩周土体及塑性区模型

2）混凝土桩体为线弹性材料；

3）考虑桩-土接触面的非线性问题；

4）不考虑施工因素对桩周土体的影响，桩的存在不影响地基土的原有特性；

5）抗拔桩受力时不考虑桩底土的吸力，认为桩底与土脱开。

3.3.3　竖向承载特性与环肋数关系的计算分析

1. 抗压承载特性

普通管桩直径分别采用 $D=500\mathrm{mm}$、$D=580\mathrm{mm}$，内径为 $D=300\mathrm{mm}$，异型管桩外径为 $D=500\mathrm{mm}$，内径为 $D=300\mathrm{mm}$，环肋直径为 $D=580\mathrm{mm}$，如图 3.17 所示。随着荷载的增加，桩顶沉降逐步增大，其结果如图 3.18 所示。

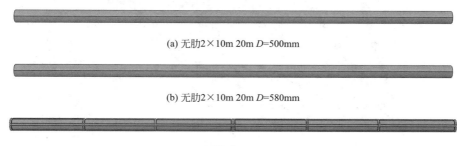

(a) 无肋2×10m 20m D=500mm

(b) 无肋2×10m 20m D=580mm

(c) 4肋3节2×10m

图 3.17　不同直径的常规管桩及异型管桩

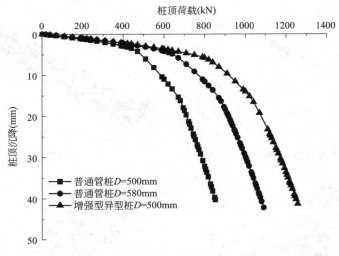

图 3.18 荷载-沉降曲线

由图 3.18 可知，异型管桩的承载力明显高于普通预应力管桩的承载力，在桩顶沉降 $s=40\text{mm}$ 时，异型管桩的承载力为 $D=500\text{mm}$ 普通管桩承载力的 1.47 倍，为 $D=580\text{mm}$ 普通管桩承载力的 1.15 倍。

异型管桩桩身轴力衰减明显小于普通管桩，如图 3.19 与图 3.20 所示。由图 3.19 可知，当桩顶荷载较小时，异型管桩桩身轴力的分布与相当直径的管桩桩身轴力分布基本一致，当桩顶荷载增大到一定值时，普通桩桩侧摩阻力充分发挥，其桩身轴力沿深度增大较多，而异型管桩桩身轴力沿深度增加量相对较小。当桩顶荷载为 1000kN 时，$D=500\text{mm}$ 的普通管桩桩底反力约为 580kN，$D=580\text{mm}$ 的普通管桩桩底反力约为 410kN，而异型管桩的桩底反力约为 270kN，由此可见，异型管桩桩侧摩阻力的作用还未得到充分发挥。

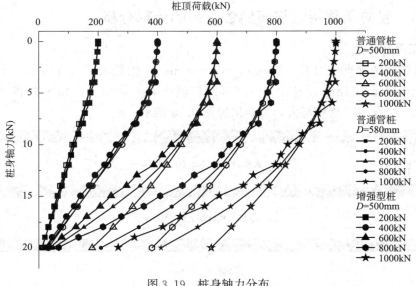

图 3.19 桩身轴力分布

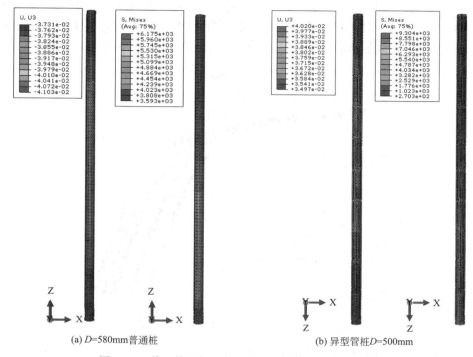

(a) D=580mm普通桩　　　　　　(b) 异型管桩D=500mm

图 3.20　普通管桩与异型管桩的桩身轴力与位移云图

由图 3.20 可知，当桩顶沉降为 40mm 时，普通管桩与异型管桩的沉降沿桩身深度分布基本一致，但桩身应力分布差异较大，异型管桩桩身最大应力为普通管桩桩身最大应力的 1.51 倍（桩顶处），而异型管桩桩身应力最小值为普通管桩桩身最小应力的 0.75 倍（桩底处），表明异型管桩桩身应力分布沿深度衰减较普通管桩小。

(a) 无环肋2×10m

(b) 4环肋3节2×10m

(c) 6环肋5节2×10m

(d) 8环肋7节2×10m

(e) 11环肋10节2×10m

图 3.21　不同环肋数的异型管桩

为了对比一定长度时不同环肋对异型管桩承载力的影响，对含有 4 环肋、6 环肋、8 环肋、11 环肋的单节长度为 10m 的异型管桩（图 3.21）分别进行计算，其荷载-沉降曲线如图 3.22 所示。由图 3.22 可知，当环肋数小于 8 环时，随着环肋的增加，基桩承载力增大，当环肋数超过 8 时，其承载力开始变小，当环肋数为 11 时，其承载力大于 6 环时的承载力但小于 8 环时的承载力。

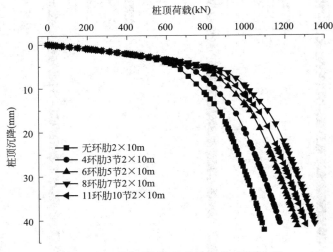

图 3.22　不同环肋数的基桩荷载-沉降曲线

异型管桩抗压承载力与环肋数的关系如图 3.23 所示，由图可知，其承载力随着环肋数的变化先增加后减小。因此，对一定几何尺寸的异型管桩，存在一个最优环肋数。

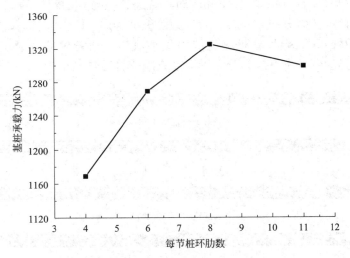

图 3.23　异型管桩承载力与每节桩环肋数的关系

普通管桩与不同环肋数的异型管桩接头处与桩身应力分布如图 3.24 所示，由图分析可知，异型管桩与普通管桩在接头处都出现应力不均匀现象，如图 3.24(a) 和图 3.24(c) 所示。除接头处应力分布不均外，普通管桩桩身应力沿深度分布呈递减分布，而异型管桩桩身应力在两环肋之间呈均匀分布，如图 3.24(b) 与图 3.24(d) 所示，图 3.24(d) 亦表现出了相同应力分布性状。不同环肋数的异型管桩环肋间桩身应力分布表现了相同的性状。

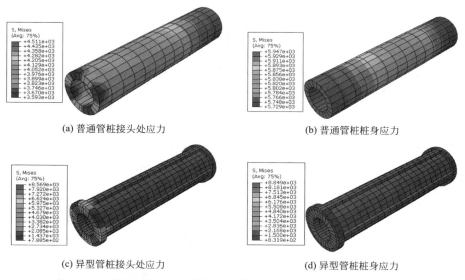

(a) 普通管桩接头处应力　　　　　　(b) 普通管桩桩身应力

(c) 异型管桩接头处应力　　　　　　(d) 异型管桩桩身应力

图 3.24　普通管桩与异型管桩接头处与桩身应力分布（沉降 40mm）

2. 抗拔承载特性

为对比异型管桩抗拔承载力与环肋数的关系，对上述计算模型分别作抗拔计算，对含有 4 环肋、6 环肋、8 环肋、11 环肋的单节长度为 10m 的异型管桩分别进行计算，其荷载-位移曲线如图 3.25 所示。由图可知，当环肋数小于 8 环时，随着环肋的增加，基桩承载力增大，当环肋数超过 8 环时，其承载力开始变小，当环肋数为 11 时，其承载力大于 6 环时的承载力但小于 8 环时的承载力，表现出与抗压承载力类似的承载性状。

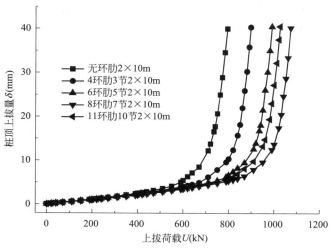

图 3.25　不同环肋数的基桩荷载-位移曲线

异型管桩抗拔承载力与环肋数的关系如图 3.26 所示，由图可知，其承载力随着环肋数的变化先增加后减小。因此，对一定几何尺寸的异型管桩，抗压承载力亦存在一个最优环肋数，其值与抗压承载力最优环肋数表现出一致性。

普通管桩与不同环肋数的异型管桩接头处在上拔荷载下亦表现出应力分布不均现象，

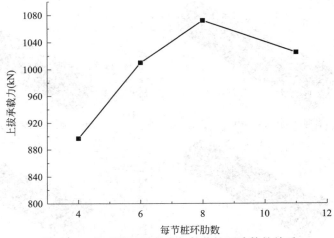

图 3.26 异型管桩承载力与每节桩环肋数的关系

具有与抗压桩应力分布类似的性质。除接头处外，普通管桩桩身应力沿深度分布呈递减分布，但其应力分布在同一桩身截面上较抗压荷载亦表现出不均匀分布现象，如图 3.27(a) 所示；异型管桩桩身应力在两环肋之间基本呈均匀分布，但接近环肋的部位，表现出较强的应力不均现象，如图 3.27(b) 所示。

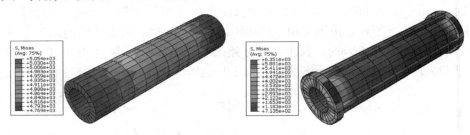

(a) 异型管桩接头处应力   (b) 异型管桩桩身应力

图 3.27 普通管桩与异型管桩接头处与桩身应力分布（上拔 40mm）

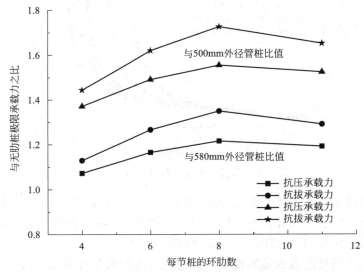

图 3.28 异型管桩极限承载力与普通管桩极限承载力之比

62

3.3.4 增强系数

1. 增强系数与桩土弹性模量比的关系分析

相同条件下异型桩与其他同尺寸桩型的极限承载力之比称为增强系数。为了分析桩土弹性模量对承载力增强系数的影响，在同一计算模型下分别对土体弹性模量为 10MPa、15MPa、20MPa 的情况进行计算，计算结果如图 3.29～图 3.32 所示。

由图 3.32 知，随着桩土弹性模量比的增大，桩的承载力增强效果呈减小趋势但是减小趋势逐渐减缓且大于 1，原因是土的弹性模量增大时，桩周土对加肋部分的增强效果越来越不明显，即随着桩土弹性模量比的增大，桩承载力增强系数越来越低；图 3.32 也说明异型管桩对抗拔增强效果优于抗压增强效果。

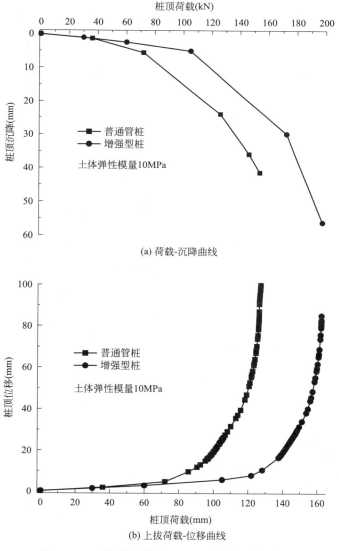

(a) 荷载-沉降曲线

(b) 上拔荷载-位移曲线

图 3.29 土体弹性模量 10MPa 时荷载-位移曲线

63

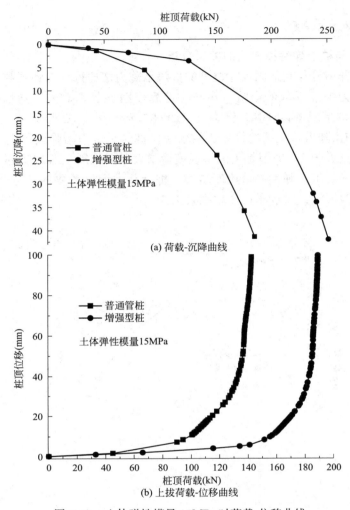

(a) 荷载-沉降曲线

(b) 上拔荷载-位移曲线

图 3.30 土体弹性模量 15MPa 时荷载-位移曲线

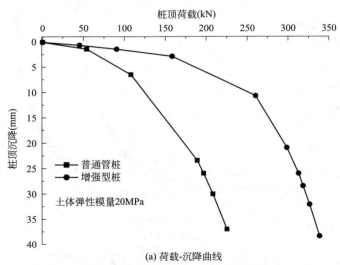

(a) 荷载-沉降曲线

图 3.31 土体弹性模量 20MPa 时荷载-位移曲线（一）

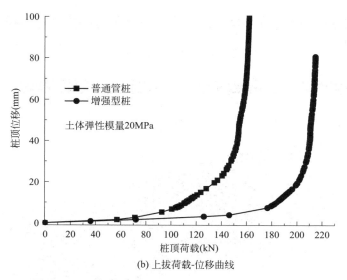

(b) 上拔荷载-位移曲线

图 3.31 土体弹性模量 20MPa 时荷载-位移曲线 (二)

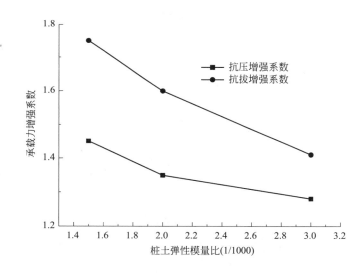

图 3.32 异型管桩承载力增强系数与桩土弹性模量比的关系

2. 《增强型预应力混凝土离心桩技术规程》规定尺寸桩型承载特性分析

为进一步推广应用增强型预应力混凝土离心桩技术,根据浙江省与江苏省住建厅的指示精神,在多次试验和大量工程应用的基础上,系统总结分析,结合该技术的特点编制了《增强型预应力混凝土离心桩技术规程》,该规程对异型管桩的尺寸及相关几何参数作了具体规定,根据工程生产实际,现对规程规定的几种桩型进行分析。

1) 外径 400~370mm 异型管桩计算

桩长 12m,壁厚 80mm,模型尺寸:宽度为 4m,长度为 24m。土体弹性模量取 $E=$ 25MPa,泊松比取 0.35,黏聚力取 25kPa,内摩擦角取 30°,桩型及土体模型如图 3.33 所示。

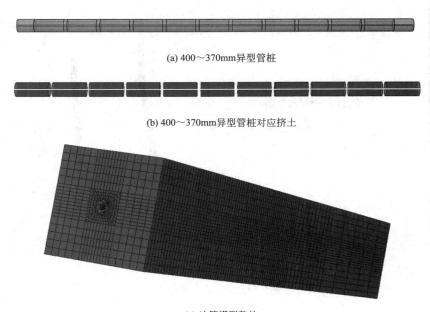

(a) 400～370mm异型管桩

(b) 400～370mm异型管桩对应挤土

(c) 计算模型整体

图 3.33　400～370mm 异型管桩计算模型

荷载-位移曲线如图 3.34 所示。

与同条件下的普通管桩相比，$D=400\text{mm}$ 异型管桩抗压承载力增强系数 $\lambda_1=1.175$，抗拔承载力增强系数 $\lambda_2=1.212$。

2) 外径 500～460mm 异型管桩计算

桩长 15m，壁厚 100mm，模型尺寸：宽度为 5m，长度为 30m。土体弹性模量取 $E=25\text{MPa}$，泊松比取 0.35，黏聚力取 25kPa，内摩擦角取 30°，桩型及土体模型类似于图 3.33，荷载-位移曲线如图 3.35 所示。

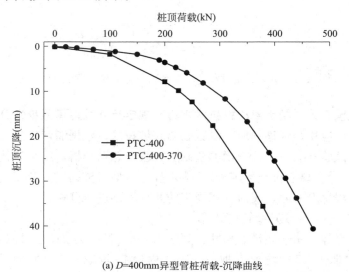

(a) $D=400\text{mm}$ 异型管桩荷载-沉降曲线

图 3.34　$D=400\text{mm}$ 异型管桩荷载-位移曲线（一）

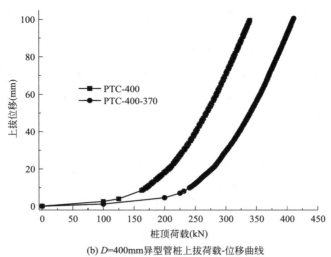

(b) D=400mm异型管桩上拔荷载-位移曲线

图 3.34 D=400mm 异型管桩荷载-位移曲线 （二）

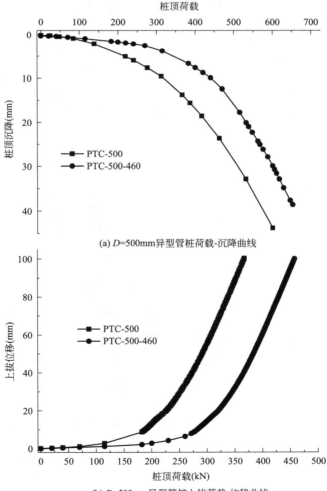

(a) D=500mm异型管桩荷载-沉降曲线

(b) D=500mm异型管桩上拔荷载-位移曲线

图 3.35 D=500mm 异型管桩荷载-位移曲线

67

D＝500mm 异型管桩抗压承载力增强系数 λ_1＝1.164，抗拔承载力增强系数 λ_2＝1.248。

3）外径 600～560mm 异型管桩计算

桩长 15m，壁厚 100mm，模型尺寸：宽度为 6m，长度为 30m。土体弹性模量取 E＝25MPa，泊松比取 0.35，黏聚力取 25kPa，内摩擦角取 30°，桩型及土体模型类似于图 3.33，荷载-位移曲线如图 3.36 所示。

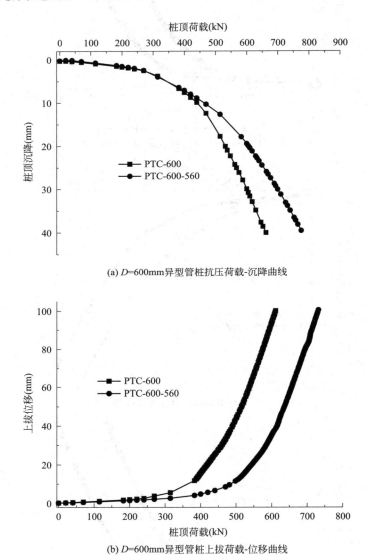

(a) D＝600mm异型管桩抗压荷载-沉降曲线

(b) D＝600mm异型管桩上拔荷载-位移曲线

图 3.36　D＝600mm 异型管桩荷载-位移曲线

与同条件下的普通管桩相比，D＝600mm 异型管桩抗压增强系数 λ_1＝1.126，抗拔增强系数 λ_2＝1.196。

4）外径 700～650mm 异型管桩计算

桩长 15m，壁厚 110mm，模型尺寸：宽度为 7m，长度为 30m。土体弹性模量取 $E=$ 25MPa，泊松比取 0.35，黏聚力取 25kPa，内摩擦角取 30°，桩型及土体模型类似于图 3.33，荷载-位移曲线如图 3.37 所示。

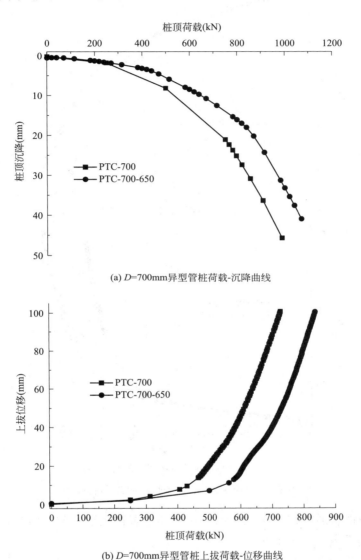

(a) $D=$700mm异型管桩荷载-沉降曲线

(b) $D=$700mm异型管桩上拔荷载-位移曲线

图 3.37 $D=$700mm 异型管桩荷载-位移曲线

与同条件下的普通管桩相比，$D=$700mm 异型管桩抗压承载力增强系数 $\lambda_1=1.144$，抗拔承载力增强系数 $\lambda_2=1.151$。

5）外径 800~700mm 异型管桩计算

桩长 30m，壁厚 110mm，模型尺寸：宽度为 8m，长度为 60m。土体弹性模量取 $E=$ 25MPa，泊松比取 0.35，黏聚力取 25kPa，内摩擦角取 30°，桩型及土体模型类似于图 3.33。荷载-位移曲线如图 3.38 所示。

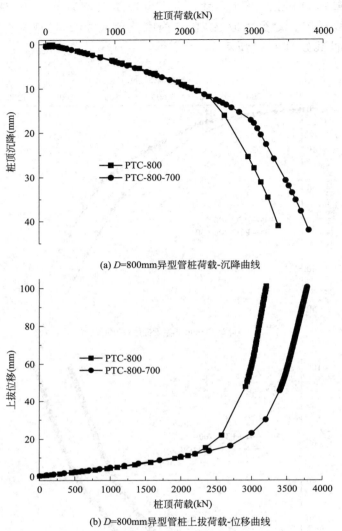

(a) D=800mm异型管桩荷载-沉降曲线

(b) D=800mm异型管桩上拔荷载-位移曲线

图 3.38　$D=800$mm 异型管桩荷载-位移曲线

与同条件下的普通管桩相比，$D=800$mm 异型管桩抗压承载力增强系数 $\lambda_1=1.131$，抗拔承载力增强系数 $\lambda_2=1.179$。

6）外径 $1000\sim900$mm 异型管桩计算

桩长 30m，壁厚 110mm，模型尺寸：宽度为 10m，长度为 60m。土体弹性模量取 $E=25$MPa，泊松比取 0.35，黏聚力取 25kPa，内摩擦角取 $30°$，桩型及土体模型类似于图 3.33，荷载-位移曲线如图 3.39 所示。

与同条件下的普通管桩相比，$D=1000$mm 异型管桩抗压承载力增强系数 $\lambda_1=1.238$，抗拔承载力增强系数 $\lambda_2=1.212$。

7）外径 $1200\sim1050$mm 异型管桩计算

桩长 30m，壁厚 150mm，模型尺寸：宽度为 12m，长度为 60m。土体弹性模量取 $E=25$MPa，泊松比取 0.35，黏聚力取 25kPa，内摩擦角取 $30°$，桩型及土体模型类似于图

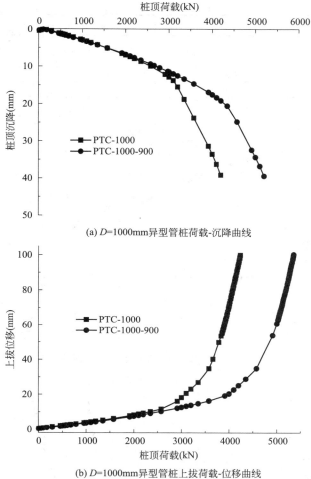

(a) D=1000mm异型管桩荷载-沉降曲线

(b) D=1000mm异型管桩上拔荷载-位移曲线

图 3.39 D＝1000mm 异型管桩荷载-位移曲线

3.33，荷载-位移曲线如图 3.40 所示。

与同条件下的普通管桩相比，D＝1200mm 异型管桩抗压承载力增强系数 λ_1＝1.202，抗拔承载力增强系数 λ_2＝1.215。

表 3.10 为各桩型承载力增强系数。

各桩型承载力增强系数   表 3.10

桩型	受荷	桩顶位移（mm）	增强系数 λ
PTC-400-370	压	40	1.175
	拔	100	1.212
PTC-500-460	压	40	1.164
	拔	100	1.248
PTC-600-560	压	40	1.126
	拔	100	1.196
PTC-700-650	压	40	1.144
	拔	100	1.151
PTC-800-700	压	40	1.133
	拔	100	1.179

桩型	受荷	桩顶位移(mm)	增强系数 λ
PTC-1000-900	压	40	1.238
	拔	100	1.264
PTC-1200-1050	压	40	1.202
	拔	100	1.215

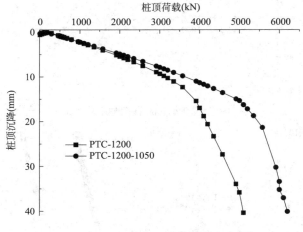

(a) D=1200mm 异型管桩荷载-沉降曲线

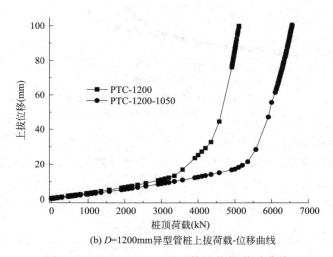

(b) D=1200mm 异型管桩上拔荷载-位移曲线

图 3.40　D＝1200mm 异型管桩荷载-位移曲线

增强系数与环肋数/长细比的关系如图 3.41 所示。

由图 3.41 可知,抗压增强系数和抗拔增强系数都随环肋数/长细比的增加呈先增加后减小的趋势,且在环肋数/长细比为 0.40 左右时达到最大值,原因是长细比一定时,环肋数过少或者过多,加肋强化效果都不明显,因此在考虑抗压与抗拔增强效果时,环肋数/长细比的选值存在最优值为 0.4;且抗拔增强系数大于抗压增强系数,说明加肋异型桩的抗拔承载力增强效果更为明显。

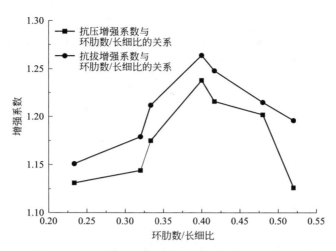

图 3.41 异型管桩增强系数与环肋数/长细比的关系

3. 增强系数随桩顶加载历程的变化

硬黏土、结构性黏土、紧密砂土等材料在应力应变关系曲线上有明显的峰值，峰值后应力随变形增大而降低，即出现应变软化，最后达到残余强度。大量工程实测资料与试桩研究表明，基桩在加载过程中，桩侧摩阻力的发挥同样存在软化特性。

如图 3.42 所示，$D=400$mm 直径的异型管桩，在竖向受压荷载作用下，桩顶位移在 4mm 左右时，异型管桩对应的承载力较普通管桩承载力发挥至最大值；上拔荷载下，桩顶荷载在 10mm 左右时，抗拔增强系数达到最大。

如图 3.43 所示，$D=500$mm 直径的异型管桩，在竖向受压荷载作用下，桩顶位移在 3mm 左右时，异型管桩对应的承载力较普通管桩承载力发挥至最大值；上拔荷载下，桩顶荷载在 2mm 左右时，抗拔增强系数达到最大。

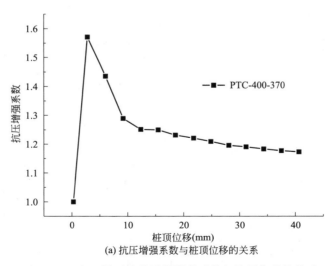

(a) 抗压增强系数与桩顶位移的关系

图 3.42 $D=400$mm 异型管桩承载增强系数与桩顶位移的关系（一）

73

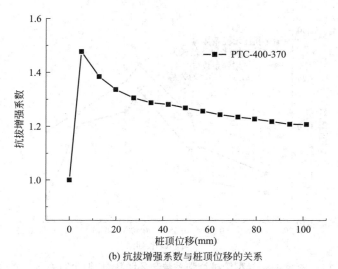

(b) 抗拔增强系数与桩顶位移的关系

图 3.42　D＝400mm 异型管桩承载增强系数与桩顶位移的关系（二）

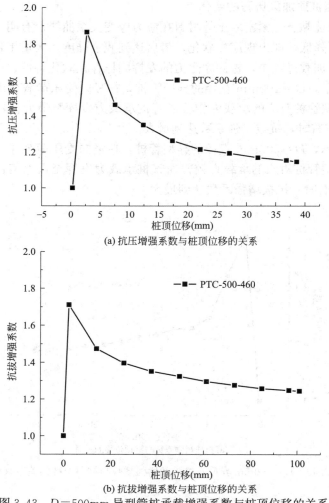

(a) 抗压增强系数与桩顶位移的关系

(b) 抗拔增强系数与桩顶位移的关系

图 3.43　D＝500mm 异型管桩承载增强系数与桩顶位移的关系

如图 3.44 所示，$D=600mm$ 直径的异型管桩，在竖向受压荷载作用下，桩顶位移在 5mm 左右时，异型管桩对应的承载力较普通管桩承载力发挥至最大值；上拔荷载下，桩顶荷载在 1mm 左右时，抗拔增强系数达到最大。

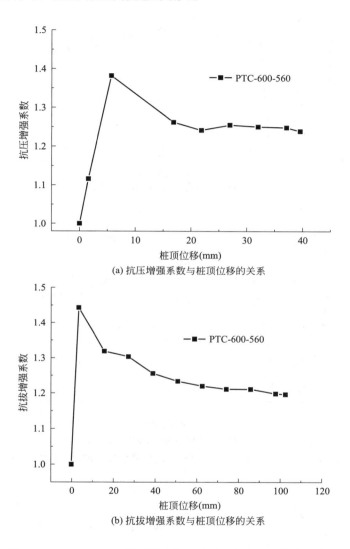

(a) 抗压增强系数与桩顶位移的关系

(b) 抗拔增强系数与桩顶位移的关系

图 3.44 $D=600mm$ 异型管桩承载增强系数与桩顶位移的关系

如图 3.45 所示，$D=700mm$ 直径的异型管桩，在竖向受压荷载作用下，桩顶位移在 4mm 左右时，异型管桩对应的承载力较普通管桩承载力发挥至最大值；上拔荷载下，桩顶荷载在 12mm 左右时，抗拔增强系数达到最大。

如图 3.46 所示，$D=800mm$ 直径的异型管桩，在竖向受压荷载作用下，桩顶位移在 7mm 左右时，异型管桩对应的承载力较普通管桩承载力发挥至最大值；上拔荷载下，桩顶荷载在 25mm 左右时，抗拔增强系数达到最大。

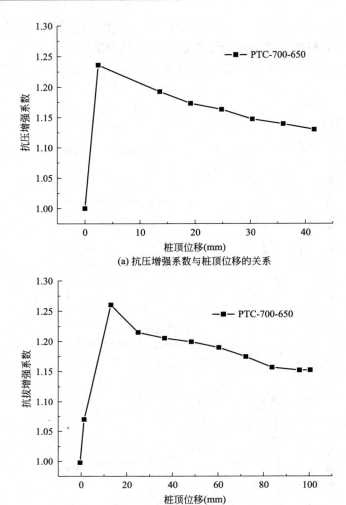

(a) 抗压增强系数与桩顶位移的关系

(b) 抗拔增强系数与桩顶位移的关系

图 3.45　D=700mm 异型管桩承载增强系数与桩顶位移的关系

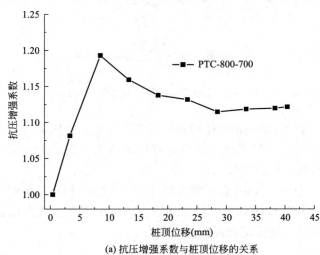

(a) 抗压增强系数与桩顶位移的关系

图 3.46　D=800mm 异型管桩承载增强系数与桩顶位移的关系（一）

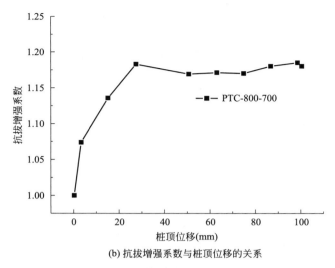

(b) 抗拔增强系数与桩顶位移的关系

图 3.46 $D=800$mm 异型管桩承载增强系数与桩顶位移的关系（二）

如图 3.47 所示，$D=1000$mm 直径的异型管桩，在竖向受压荷载作用下，桩顶位移在 20mm 左右时，异型管桩对应的承载力较普通管桩承载力发挥至最大值；上拔荷载下，桩顶荷载在 25mm 左右时，抗拔增强系数达到最大。

如图 3.48 所示，$D=1200$mm 直径的异型管桩，在竖向受压荷载作用下，桩顶位移在 20mm 左右时，异型管桩对应的承载力较普通管桩承载力发挥至最大值；上拔荷载下，桩顶荷载在 20mm 左右时，抗拔增强系数达到最大。

由图 3.42～图 3.48 可知，异型管桩的抗压增强系数随桩顶位移增加迅速增大后又急剧减小到桩顶位移为 10mm 时逐渐平稳，即异型管桩受压时，桩顶位移较小时强化效果最为明显，当桩施加到一定荷载后，抗压增强系数急剧减小但也保持在 1.2 以上。桩的抗拔增强效果随桩顶位移增加迅速增大后逐渐减小，即异型管桩受拔时，桩顶上拔位移较小时强化效果最为明显，当桩顶施加到一定荷载后，抗压增强系数减小但也保持在 1.2 以上。

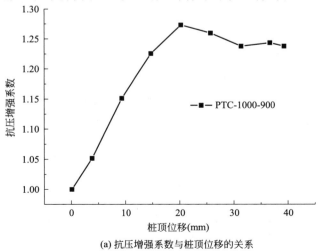

(a) 抗压增强系数与桩顶位移的关系

图 3.47 $D=1000$mm 异型管桩承载增强系数与桩顶位移的关系（一）

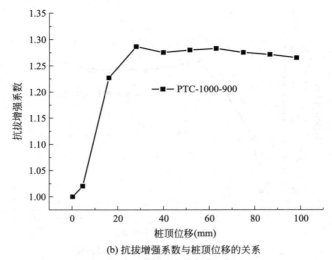

(b) 抗拔增强系数与桩顶位移的关系

图 3.47　$D=1000$mm 异型管桩承载增强系数与桩顶位移的关系（二）

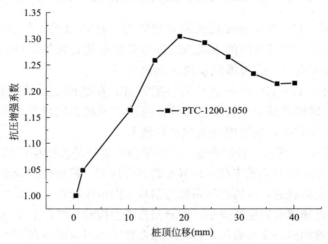

(a) 抗压增强系数与桩顶位移的关系

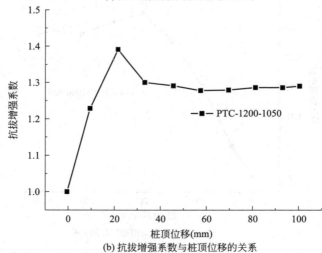

(b) 抗拔增强系数与桩顶位移的关系

图 3.48　$D=1200$mm 异型管桩承载增强系数与桩顶位移的关系

3.4 机械连接预应力混凝土异型桩竖向承载力计算方法

异型桩基础桩顶作用效应和竖向承载力验算应符合现行行业标准《建筑桩基技术规范》JGJ 94 的规定，抗震验算尚应符合现行国家标准《建筑抗震设计规范》GB 50011 的规定。

根据地基设计等级不同，决定采取不同的方法确定单桩竖向极限承载力标准值。设计等级为甲级的建筑桩基，应通过单桩竖向静载试验确定，单桩竖向静载试验应按现行行业标准《建筑基桩检测技术规范》JGJ 106 执行；设计等级为乙级的桩基，当地质条件简单时，可按地质条件相同的试桩资料，结合静力触探等原位测试和经验参数综合确定；其余均应通过单桩静载试验确定；设计等级为丙级的建筑桩基，可根据原位测试和经验参数确定；初步设计时，可根据土的物理指标与承载力参数之间的经验关系确定。

3.4.1 单桩竖向抗压极限承载力标准值

当根据土的物理指标与承载力参数之间的经验关系确定异型桩单桩竖向抗压极限承载力标准值时，可按下列公式估算：

$$Q_{uk} = \beta_c u_p \sum q_{sik} l_i + q_{pk}(A_j + \lambda_p A_{pl}) \tag{3.1}$$

$$\bar{q}_{sk} = \frac{\sum q_{sik} l_i}{l} \tag{3.2}$$

式中：u_p——桩身按最大外径或边长计算的周长（m）；

q_{sik}——桩侧第 i 层土的极限侧阻力标准值（kPa），无当地经验时，可按现行行业标准《建筑桩基技术规范》JGJ 94 规定的混凝土预制桩极限侧阻力标准值取值；

l_i——桩身穿越第 i 层土（岩）的厚度（m）；

l——桩身总长度（m）；

q_{pk}——桩极限端阻力标准值（kPa），无当地经验时，可按现行行业标准《建筑桩基技术规范》JGJ 94 规定的混凝土预制桩极限端阻力标准值取值；

A_j——桩端净面积（m^2）；

λ_p——桩端土塞效应系数，对于闭口桩 $\lambda_p = 1$；对于开口桩：当 $h_b/D < 5$ 时，$\lambda_p = 0.16 h_b/D$，当 $h_b/D \geqslant 5$ 时，$\lambda_p = 0.8$（h_b 为桩端进入持力层的深度，D 为桩最大外径或边长）；

A_{pl}——桩端的空心部分面积（m^2）；

β_c——竖向抗压侧阻力截面影响系数，宜按地区经验取值；无地区经验时，对于纵向不变截面异型桩 $\beta_c = 1.0$；对于纵向变截面异型桩，可按表 3.11 取值。

纵向变截面异型桩竖向抗压（拔）侧阻力截面影响系数　　表 3. 11

土层加权平均极限侧阻力标准值	$\overline{q}_{sk}\leqslant14$	$14<\overline{q}_{sk}\leqslant54$	$\overline{q}_{sk}>54$
$\beta_c(\beta_t)$	1. 10	$\beta_c=0.005\overline{q}_{sk}+1.03$	1. 30

3. 4. 2　单桩竖向抗拔极限承载力标准值

承受上拔力的基桩，群桩基础呈整体破坏和呈非整体破坏时基桩的抗拔承载力验算应符合现行行业标准《建筑桩基技术规范》JGJ 94 的有关规定。

对于不同等级的桩基，单桩竖向抗拔极限承载力标准值的确定应符合下列规定：对于设计等级为甲级和乙级建筑的桩基，基桩的抗拔极限承载力应通过单桩竖向抗拔静载试验确定。单桩竖向抗拔静载试验可按现行行业标准《建筑基桩检测技术规范》JGJ 106 执行；无当地经验时，群桩基础和设计等级为丙级建筑的桩基，初步设计时，基桩的抗拔极限承载力取值可按下列规定计算：

1）单桩或群桩呈非整体破坏时，基桩的抗拔极限承载力标准值可按下式计算：

$$T_{uk}=\beta_t u_p \sum \lambda_i q_{sik} l_i \tag{3.3}$$

式中：T_{uk}——单桩或群桩呈非整体破坏时基桩的抗拔极限承载力标准值（kN）；

　　　λ_i——抗拔系数，按表 3. 12 选用；

　　　q_{sik}——单桩第 i 层土的抗压极限侧阻力标准值（kPa），无当地经验时，可按现行行业标准《建筑桩基技术规范》JGJ 94 规定的混凝土预制桩极限侧阻力标准值取值；

　　　l_i——桩身穿越第 i 层土（岩）的厚度（m）；

　　　u_p——桩身按最大外径或边长计算的周长（m）；

　　　β_t——竖向抗拔侧阻力截面影响系数，宜按地区经验取值；无地区经验时，对于纵向不变截面异型桩 $\beta_t = 1.0$；对于纵向变截面异型桩，可按表 3. 11 选用。

抗拔系数 λ　　　　　　　　　　　　表 3. 12

土（岩）的类别	λ_i 值
黏性土、粉土	0. 70～0. 80
砂土	0. 50～0. 70

注：桩长 l 与桩边长或桩径比小于 20 时，λ 取小值。

2）群桩呈整体破坏时：

$$T_{gk}=\frac{1}{n}u_l \sum \lambda_i q_{sik} l_i \tag{3.4}$$

式中：u_l——群桩外围周长（m）；

　　　n——群桩的数量。

3.5　本章小结

本章通过六根工程试桩的现场静载试验和数值模拟，对比分析预应力混凝土异型管桩和传统光滑圆管桩的 $Q\text{-}s$ 曲线，并通过数值模拟探究异型桩竖向承载特性，给出了机械连接预应力混凝土异型桩竖向承载力计算方法，得出以下结论：

1）预应力混凝土异型管桩的荷载变形曲线相对平缓，表现得更有后劲，极限承载力比等直径光滑圆管桩提高 30% 以上，挤土效应明显。

2）基桩承载力随着环肋数的变化先增加后减小。因此，对一定几何尺寸的预应力混凝土异型桩，其承载力存在一个最优环肋数，其值与承载力最优环肋数表现出一致性。

3）随着桩土弹性模量比的增大，桩承载力增强系数越来越低，且预应力混凝土异型桩的抗拔增强效果优于抗压增强效果。当异型桩受拔时，桩顶上拔位移较小时强化效果最为明显，当桩顶施加到一定荷载后，抗压增强系数减小但也保持在 1.2 以上。

第 4 章　机械连接预应力混凝土异型桩沉降计算方法

4.1　单桩沉降计算方法

在桩基工程中，桩基承载力和桩的沉降问题是众多学者进行研究的重点，桩基的承载力与沉降也是桩基设计中涉及的诸多复杂因素中最主要的两个。对于嵌岩桩以外的桩型而言，沉降问题是分析的重点。在桥梁工程中，常见的墩柱式桩基的不均匀沉降问题将直接影响到行车的平稳性和桥梁的寿命；在高层建筑中，桩基的不均匀沉降问题将导致整座楼的倾斜、结构应力的重分布和出现裂缝等事故的发生，群桩基础的承载力特征值计算方法又以单桩计算值为基础进行修正，通过经验关系或叠加的原理而得到的。这都说明确定桩基承载力时，进行单桩沉降分析是十分必要的。

单桩沉降计算不仅可用于试桩前的沉降预估、从而初步确定单桩承载力、决定试桩加载方案，更重要的是为进一步设法进行群桩沉降分析提供基本条件和思路。为了精确计算和预测桩基的沉降，从事岩土工程的研究者和工程师们做了大量的研究工作，提出了一系列的计算桩基沉降的方法，但对桩基沉降的计算和预测仍未能取得令人满意的结果。主要原因在于影响桩基沉降的因素很多，包括桩长、桩与土的相对压缩性、土层的地质情况以及荷载水平和荷载持续时间等。这些因素中有的具有不确定性，有的难以充分查清，再加之土体的本构关系难以确定，因此，可以说至今还未能提出一个计算桩基沉降的完善方法。目前，无论是单桩承载力计算，还是单桩沉降计算，各种方法均是以静载试验为衡量基准的。

竖向荷载作用下的单桩沉降由以下三部分组成：

1) 桩身弹性压缩 s_e；

2) 桩侧摩阻力向下传递到桩端平面以下引起桩周土体压缩，桩端随桩周土体的压缩而产生的沉降 s_{sc}；

3) 桩端阻力引起桩端以下土体所产生的桩端沉降 s_{pc}。

当荷载水平较低时，桩端土未发生明显的塑性变形，而桩侧土与桩身之间也尚未产生滑动，此时便可近似地运用弹性计算公式计算单桩的沉降 s：

$$s = s_e + s_{sc} + s_{pc} \tag{4.1}$$

当荷载水平较高时，桩端土将发生明显的塑性变形，此时单桩的沉降组成将发生明显的变化，桩侧土和桩端土的塑性变形和桩土接触界面的滑移都将使沉降问题变得复杂，需要进行塑性分析计算单桩的沉降。

在桩基工程中，桩一般采用钢桩或混凝土桩，这两种材料相对于土体而言，接近于刚性。所以，对于桩长较短的摩擦桩而言，由于桩身的弹性压缩引起的桩顶沉降很小可忽略不计。对于端承桩，计算桩身的弹性压缩量时，可把桩身视为弹性材料，用弹性理论进行计算。

桩端以下土体的压缩包括土的主固结变形和次固结变形。固结变形产生的沉降，是随时间而发展的，具有时间效应的特征，土体的固结变形可以用土力学中的固结理论进行计算。当桩端以下土体的压缩与荷载间的关系近似为直线关系时，也可以把土体视作线弹性介质，运用弹性理论进行近似计算。随着荷载的增加，桩周土体与桩体在接触界面上发生滑移，即所谓的状态非线性问题；再随着荷载的进一步增大，桩周土体在荷载作用下出现了塑性变形，使得桩体可能发生整体滑移破坏和局部刺入变形破坏。近些年来，众多学者正在积极地探索着各种可行的计算方法，以模拟实际的桩基沉降问题。实践表明，沉降计算是否符合实际，在很大程度上取决于计算参数的准确性。在工程上可根据荷载特点、土层条件、桩的类型，选择合适的桩基沉降计算模式及相应的计算参数。

桩基的沉降与桩土体系的荷载传递机理有着密切联系，为了能够更好地求解桩基的沉降，有必要对桩土体系的传递机理进行分析。Vesic（1970）指出，桩-土体系的荷载传递是与一系列因素有关的复杂现象，不可能或者很难用数字表达。然而，为了合理的设计，就要对桩土体系的荷载传递机理作出数量上的评价。研究桩土体系的荷载传递机理主要关注不同深度 z 处桩身截面的竖向位移与深度的关系、荷载沿桩深度的变化以及桩侧摩阻力沿桩深度的变化等。

竖向荷载下桩土体系荷载传递的过程可以简单描述如下：当荷载较小时，桩身位移与桩周土位移相等；荷载继续增大，则桩顶的上部土层的抗剪阻力充分发挥，并出现滑移现象。极限摩阻力的发挥主要决定于桩土相对位移，桩身摩阻力被充分发挥时的位移称为极限位移，其值常远小于充分发挥桩底阻力所需的位移，故继续增加的荷载，其大部分由桩底持力层的端承力承担。在桩的承载过程中，桩身位移和桩身荷载随深度递减，桩摩阻力自上而下逐步发挥。由此可见，桩荷载与沉降关系为非线性关系，十分复杂。长期以来，许多学者对桩土荷载传递理论进行了许多积极而有意义的探索，主要形成了荷载传递法、剪切位移法、弹性理论法、有限单元法四类方法。

4.1.1 荷载传递法

荷载传递法的研究早在 1955 年就开始了。Seed 和 Reese 首先提出了单桩荷载传递的计算方法，此后，Kezdi（1957）、Coyle 和 Reese（1966）及 Holloway（1975）等也相继发展了传递法。这种方法的基本思路是把桩沿长度方向离散成若干弹性单元体（图 4.1），每一单元体与土体之间侧摩阻力用线性或非线性弹簧代替，该弹簧的力与位移的关系即表示桩侧摩阻力 q_s 与桩土间相对位移 s 的关系。桩底端的土也用弹簧代替，该弹簧的力与位移的关系表示桩端阻力 q_p 与桩端沉降 s_p 的关系。荷载传递法的基本微分方程为：

$$\frac{\mathrm{d}^2 s}{\mathrm{d}z^2} = \frac{U}{A_p E_p} \tau(z) \tag{4.2}$$

式中：U——桩截面周长；

A_p、E_p——桩截面面积及弹性模量。

它的求解取决于传递函数 $\tau(z) \sim s$ 的形式。传递函数的合理性直接决定了计算分析的正确性。Coyle 和 Reese 在 1966 年提出了实测传递函数关系曲线方法，但由于需要在静载试验时在桩身内埋设量测元件，因而限制了其使用。

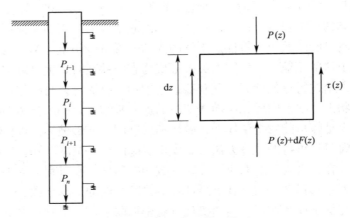

图 4.1　桩-土共同作用模型

4.1.2　剪切位移法

Cooke 于 1974 年用水平测斜计量测摩擦桩桩周土体的竖向位移，发现在一定半径范围内土体的竖向位移分布呈漏斗状的曲线。当桩顶荷载小于 30% 极限荷载时，大部分桩侧摩阻力通过桩周土以剪应力形式沿径向向外传递，传到桩尖的力很小，桩尖以下土的固结变形是很小的，故桩端沉降是不大的。因此 Cooke 认为，计算摩擦型单桩的沉降时，可以假设沉降只与桩侧土的剪切变形有关。

Cooke 假设桩顶受荷后桩身周围土的变形可理想化地视为同心圆柱体。剪应力从桩侧沿径向向四周扩散。假定土处于单剪状态（忽略土径向位移），当桩发生沉降后，桩侧单元 $ABCD$ 发生剪切变形成为 $A'B'C'D'$ 将剪应力传给单元 $BCEF$，这个过程一直到距桩轴为 r_m（影响半径）处。如图 4.2 所示。

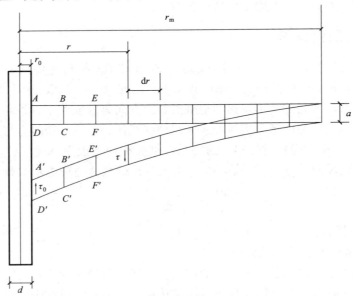

图 4.2　剪切位移法示意图

假设桩土体系发生的剪切变形为弹性性质的，即剪应力与剪应变成正比。设在距桩轴 r 处土单元的竖向位移为 d_s，由于桩本身的压缩很小，可忽略不计，相应地，土单元的水平位移很小，亦可忽略不计。所以，土单元的剪应力为：

$$\tau = \gamma G = \frac{\mathrm{d}s}{\mathrm{d}r} G \tag{4.3}$$

式中：G——土的剪切模量。

设单元的高度为 a，桩侧摩阻力为 τ_0，桩半径为 r_0，由图 4.2，根据 r_0 至 r 范围内轴对称土体单元的静力平衡条件得：

$$s = \frac{r_0 \tau_0}{G} \ln\left(\frac{r_0}{r_{\mathrm{m}}}\right) \tag{4.4}$$

4.1.3　有限单元法

有限单元法是桩基分析中十分有力的工具，从理论上来说，它能考虑影响桩性能的许多因素，如土的非线性、固结效应以及动力效应等。但其在桩基分析中的实际应用较少，一方面是由于桩基础分析涉及的因素多、比较复杂，另一方面是要求庞大的计算机容量、费用昂贵，尤其是对群桩问题的计算分析。

Hooper（1973）探讨了高层建筑群桩的有限元计算。Desai（1974）对有承台的群桩进行了有限元分析，所考虑的群桩可以倾斜，同时可以承受弯矩和水平力，土的非线性采用 Ramberg-Osgood 模型。

Ottaviani（1975）曾对 3×3 和 5×3 的群桩作过三维线弹性分析，采用 8 结点立方体单元。

陈雨孙（1987）等人用有限元法模拟了挖孔灌注纯摩擦桩的实测 Q-s 曲线，对纯摩擦桩的工作状态和破坏机理作了分析，认为桩侧土体的抗剪强度直接决定着摩擦桩的承载力。

王炳龙（1997）用土的弹塑性模型和有限元确定桩的荷载-沉降曲线。Trochanis 等人（1991）用有限元法讨论了单桩和群桩的三维、非线性特性，特别讨论了桩土之间的滑移，并据此提出了单桩和两根桩的近似计算法。

4.1.4　弹性理论法

弹性理论法的基本假设是：作为线弹性体的桩被插入一个理想均质的、各向同性的弹性半无限体内，土的弹性模量 E_0 及泊松比 μ_s 不因桩的存在而发生变化，运用 Mindlin 公式导出土的柔度矩阵，求解满足桩土边界位移协调条件的平衡方程式，即可得到桩轴向位移和桩侧摩阻力等。由于土体模拟为连续介质，所以在一定程度上可以考虑桩与桩之间的相互作用。

弹性理论法是对桩土系统用弹性理论方法来研究单桩在竖向荷载作用下桩土之间的作用力与位移之间的关系，进而得到桩对桩、桩对土、土对桩以及土对土的共同作用模式。弹性理论法首先由 D'Appolonia 和 Romualdi 在 1963 年提出，以后 Thuman 和 D'Appolonia 在 1965 年，salas 和 Belzunee 在同期，Nair 在 1967 年，Poulos 和 Davis 在 1968 年，Mattes 和 Poulos 在 1969 年，Butterfield 和 Banerjee 在 1971 年，以及 RardolPh

和 Worth 在 1978 年均对这一课题进行了研究。

弹性理论法一般把桩划分为若干个均匀受荷单元，通过桩上各单元的桩位移和邻近土的位移协调条件求得各单元受荷大小的解。桩的位移由轴向荷载下桩身的弹性压缩求得。而土的位移通过 Middllin 解，计算在土体内部某点作用一荷载时在土体内另外一点产生的位移求得。

不同学者对沉桩的剪应力分布作了不同假设：

1）假定剪应力在桩的周边均匀分布（如 Poulos 和 Davis，Mattes 和 Poulos 等）；

2）假定剪应力用各单元中点处圆形面积上的均布荷载代替（Nair）；

3）假设每单元的剪应力用作用在单元中心轴上的一集中荷载代替（如 D'Appolonia 和 Romualdi，Thuman 和 D'Appolonia，salas 和 Belzunee 等）。

Poulos 对弹性理论法作了大量研究，从弹性理论中的 Mindlin 公式出发，系统地导出了单桩和群桩的计算理论及表格。Poulos 对弹性理论法在非均质土、成层土中的运用，以及有限厚度土层、端承桩、桩土之间有相对滑移等情况，也进行了深入研究。

Poulos 等提出的剪应力在桩周边均匀的假定最接近实际，对较短的大桩尤为符合实际。对于较细长的桩，三种剪应力的假设得到的解差别不大。

对于摩擦桩而言，可以将桩看作为长度 l、直径 d、底端直径 d_b 的圆柱体。在桩顶作用有轴向力 P；根据 Poulos 的假设，沿桩身周边面积上作用有均匀分布的剪应力 τ，在桩底端作用有均匀的竖向应力 σ_b（图 4.3）；假设桩身侧边是完全粗糙的，则桩与邻近土的位移是协调的。将土假设为均质的各向同性的弹性半空间体，其弹性常数为 E_s 和 γ_s（不因有桩的存在而变化）；并假设桩与土在初始时处于无应力状态（桩身内无由于成桩作用出现的残余应力）。

1. 土的位移方程

如图 4.3(a) 所示，提取图 4.3(b) 中的单元 i 进行分析，单元 j 上的剪应力 τ_j 在 i 处桩侧土体中产生的竖向位移 s'_{ij} 可表示为：

$$s'_{ij} = \frac{d}{E_s} I_{ij} \tau_j \tag{4.5}$$

式中：I_{ij}——单元 j 上的剪应力 $\tau_j = 1$ 时在 i 处产生的竖向位移系数。

对于整个桩有 n 个单元，全部 n 个单元上的剪应力 $\tau_j (j=1, \cdots, n)$ 和桩端土的竖向应力 σ_b 在 i 处产生的土位移 s'_i 为：

$$s'_i = \frac{d}{E} \sum_{j=1}^{n} I_{ij} \tau_j + \frac{d_b}{E_s} I_{ib} \cdot \sigma_b \tag{4.6}$$

式中：I_{ib}——桩端竖向应力 $\sigma_b = 1$ 时在 i 处产生的土竖向位移系数。

所以，桩体所有单元的土位移可以用矩阵形式表示为：

$$\{s'\} = \frac{d}{E_s} [I_s] \{\tau\} \tag{4.7}$$

式中：$\{s'\}$——土位移 $(n+1)$ 行列向量；

$\{\tau\}$——桩侧剪应力和桩端应力 $(n+1)$ 行列向量，表示为：

$$\{\tau\} = [\tau_1 \quad \tau_2 \quad \cdots \quad \tau_n \quad \sigma_b]$$

$[I_s]$——土竖向位移系数 $(n+1)$ 方阵，表示为：

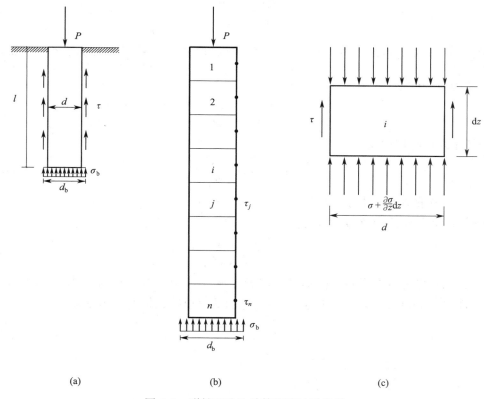

图 4.3　弹性理论法计算摩擦桩示意图

(a)　　　　　　　　　(b)　　　　　　　　　(c)

$$[I_{\mathrm{s}}]=\begin{bmatrix} I_{11} & I_{12} & \cdots & I_{1n} & I_{1\mathrm{b}}\dfrac{d_{\mathrm{b}}}{d} \\[2mm] I_{21} & I_{22} & \cdots & I_{2n} & I_{2\mathrm{b}}\dfrac{d_{\mathrm{b}}}{d} \\[2mm] \cdots & \cdots & \cdots & \cdots & \cdots \\ \cdots & \cdots & \cdots & \cdots & \cdots \\ I_{n1} & I_{n2} & \cdots & I_{nn} & I_{n\mathrm{b}}\dfrac{d_{\mathrm{b}}}{d} \\[2mm] I_{\mathrm{b}1} & I_{\mathrm{b}2} & \cdots & I_{\mathrm{b}n} & I_{\mathrm{bb}}\dfrac{d_{\mathrm{b}}}{d} \end{bmatrix}$$

可以用 Mindlin 公式计算在半空间弹性体内一点作用荷载时在另一点所产生的位移，从而得到 $[I_{\mathrm{s}}]$ 中各元素的值。

2. 桩的位移方程

将桩身材料的弹性模量表示为 E_{p}，截面面积表示为 A_{p}。分析桩体的位移时，只考虑桩的轴向压缩，忽略径向应变，根据图 4.3(c)，利用单元竖向力的静力平衡条件：

$$\sigma \cdot \frac{\pi d^{2}}{4}=\tau \cdot \pi d+\left(\sigma+\frac{\partial \sigma}{\partial z} \cdot \mathrm{d}z\right) \cdot \frac{\pi d^{2}}{4} \tag{4.8}$$

可得：

$$\frac{\mathrm{d}\sigma}{\mathrm{d}z}=-\frac{4\tau}{d} \tag{4.9}$$

式 (4.9) 为实心桩的计算公式，对于空心桩，记 $R_\mathrm{A}=\dfrac{A_\mathrm{p}}{\pi d^2/4}$，称为面积比。此时式 (4.9) 变为最一般形式：

$$\frac{\mathrm{d}\sigma}{\mathrm{d}z}=-\frac{4\tau}{R_\mathrm{A}d} \tag{4.10}$$

桩体单元的轴向应变：

$$\varepsilon=\frac{\mathrm{d}s''}{\mathrm{d}z}=-\frac{\sigma}{E_\mathrm{p}} \tag{4.11}$$

式中：s''——桩的轴向位移。

由式 (4.10) 和式 (4.11) 可得：

$$\frac{\mathrm{d}^2 s''}{\mathrm{d}z^2}=\frac{4\tau}{d}\frac{1}{R_\mathrm{A}E_\mathrm{p}} \tag{4.12}$$

式 (4.12) 可写成有限差分的形式，用于计算点 $i=1,2,\cdots,n$。式 (4.10) 用于桩顶，$\sigma=P/A_\mathrm{p}$；式 (4.11) 用于桩端，$\sigma=\sigma_\mathrm{b}$。由此可以得到桩的位移方程为：

$$\{\tau\}=\frac{d}{4\sigma^2}E_\mathrm{p}R_\mathrm{A}[I_\mathrm{p}]\{s''\}+\{Y\} \tag{4.13}$$

式中：$\{\tau\}$——剪应力 $(n+1)$ 行列向量；

　　　$\{s''\}$——桩位移 $(n+1)$ 行列向量；

　　　$[I_\mathrm{p}]$——桩单元作用 $(n+1)$ 方阵；

$$\{Y\}-\left[\left(\frac{P}{\pi d^2}\right)\left(\frac{n}{l/d}\right)\quad 0\quad 0\quad \cdots\quad 0\quad 0\quad 0\right]^\mathrm{T}。$$

3. 位移协调条件

根据桩-土界面满足弹性条件（即界面不发生滑移），则沿界面桩与土相邻诸点的位移均相等，即

$$\{s'\}=\{s''\} \tag{4.14}$$

由式 (4-8)、式 (4-13) 及式 (4-14) 得：

$$\{\tau\}=[I]-\left(\frac{n^2}{4\pi l/d^2}\right)(K[I_\mathrm{p}])^{-1}\{Y\} \tag{4.15}$$

式中：$[I]$——$(n+1)$ 阶单位矩阵；

　　　K——桩的刚度系数，$K=\dfrac{E_\mathrm{p}R_\mathrm{A}}{E_\mathrm{s}}$，$K$ 值愈小，表明桩相对比较易于压缩。

4. 单桩沉降计算

由式 (4.15) 可求得桩侧摩阻力和桩端阻力的分布，然后由式 (4.13) 可求得桩位移的分布。

以上分析是假设土体是均质的、各向同性的。对于土的变形模量随深度变化的非均质土体，可用近似方法分析，即假设土体内的应力分布与均质土相同，但桩周某点土的位移是该点土变形模量的函数。

近年来，国内有众多学者对弹性理论计算法进行了发展和延续，杨敏等人和周罡等人先假定桩身摩阻力的分布形式，再用 Mindlin 应力解或 Geddes 应力解求解桩端以下土体的附加应力，最后利用分层总和法求解出单桩的沉降。该方法突出的优点是将桩-土相互作用问题与我国工程界广泛应用的分层总和法结合起来，但该方法使用依赖一定的工程经验。

4.2　机械连接预应力混凝土异型桩单桩沉降计算

作为弹性理论法之一的 Geddes 法，由于把桩-土相互作用问题与我国工程界广泛采用的分层总和法的概念统一起来，从而大大有利于工程应用。但这些方法一般针对直桩而言，对预应力混凝土异型管桩桩沉降的研究还处在探索阶段。本章利用该法的叠加原理，通过计算预应力混凝土异型管桩每肋处的附加应力，对 Geddes 法作了发展。

4.2.1　Geddes 的基本假定

1）地基土为均质、各向同性的半无限弹性体；
2）地基土的压缩模量 E_s 和泊松比 μ 并不因桩的存在而改变；
3）考虑桩-土之间的竖向位移协调，地基土的沉降只与竖向应力有关。

4.2.2　直桩沉降计算公式推导

Geddes（1966）在 Mindlin 课题基础上将普通桩桩顶荷载 P 分解为三种形式：①桩端阻力 $P_b=(1-\alpha-\beta)P$；②沿深度矩形分布的侧摩阻力 $P_r=\alpha P$；③沿深度三角形分布的侧摩阻力 $P_t=\beta P$（图 4.4）。α、β 分别为桩端阻力、矩形分布的侧摩阻力分配系数。

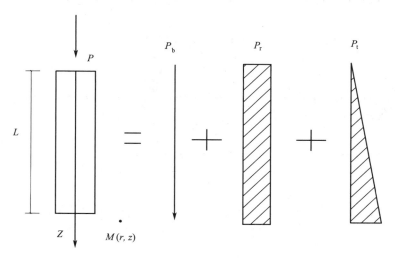

图 4.4　直桩荷载分解示意图

图中 L 为桩的入土深度，r 为计算点 M 与桩轴线水平距离，z 为计算点 M 与地表面的竖向距离。则土体中任一点 $M(r，z)$ 处的竖向附加应力为：

$$\sigma_z=\sigma_{zb}+\sigma_{zr}+\sigma_{zt} \tag{4.16}$$

式中：σ_{zb}——由 P_b 引起的竖向应力，$\sigma_{zb}=\dfrac{P_b}{L^2}K_b$；

σ_{zr}——由 P_r 引起的竖向应力，$\sigma_{zr}=\dfrac{P_r}{L^2}K_r$；

σ_{zt}——由 P_t 引起的竖向应力，$\sigma_{zt}=\dfrac{P_t}{L^2}K_t$；

K_b、K_r、K_t 分别为桩端阻力、矩形分布的侧摩阻力分担的荷载和三角形分布的侧摩阻力分担的荷载作用下土体中任一点的竖向应力影响系数。

$$K_b=\frac{1}{8\pi(1-\mu)}\left[-\frac{(1-2\mu)(m-1)}{A^3}+\frac{(1-2\mu)(m-1)}{B^3}-\frac{3(m-1)^3}{A^5}\right.$$
$$\left.-\frac{3(3-4\mu)m(m+1)^2-3(m+1)(5m-1)}{B^5}-\frac{30m(m+1)^3}{B^7}\right] \tag{4.17}$$

$$K_r=\frac{1}{8\pi(1-\mu)}\left[-\frac{2(2-\mu)}{A}+\frac{2(2-\mu)+2(2-\mu)\frac{m}{n}\left(\frac{m}{n}+\frac{1}{n}\right)}{B}-\frac{2(1-2\mu)\left(\frac{m}{n}\right)^2}{F}\right.$$
$$+\frac{n^2}{A^3}+\frac{4m^2-4(1+\mu)\left(\frac{m}{n}\right)^2m^2}{F^3}+\frac{4m(1+\mu)(m+1)\left(\frac{m}{n}+\frac{1}{n}\right)^2-(4m^2+n^2)}{B^3}$$
$$\left.+\frac{6m^2\left(\frac{m^4-n^2}{n^2}\right)}{F^5}+\frac{6m\left(mn^2-\frac{1}{n^2}(m+1)^5\right)}{B^5}\right] \tag{4.18}$$

$$K_t=\frac{1}{4\pi(1-\mu)}\left[\frac{-2(2-\mu)}{A}+\frac{2(2-\mu)(4m+1)-2(1-2\mu)\left(\frac{m}{n}\right)^2(m+1)}{B}\right.$$
$$+\frac{2(1-2\mu)\frac{m^3}{m^2}-8(2-\mu)m}{F}+\frac{mn^2+(m-1)^3}{A^3}$$
$$+\frac{4\mu n^2m+4m^3-15n^2m-2(5+2\mu)\left(\frac{m}{n}\right)^2(m+1)^3+(m+1)^3}{B^3}$$
$$+\frac{2(7-2\mu)mn^2-6m^3+2(5+2\mu)\left(\frac{m}{n}\right)^2m^3}{F^3}$$
$$+\frac{6mn^2(n^2-m^2)+12\left(\frac{m}{n}\right)^2(m+1)^5}{B^5}-\frac{12\left(\frac{m}{n}\right)^2m^5+6mn^2(n^2-m^2)}{F^5}$$
$$\left.-2(2-\mu)\ln\left(\frac{A+m-1}{F+m}\cdot\frac{B+m+1}{F+m}\right)\right] \tag{4.19}$$

式中：$A^2=n^2+(m-1)^2$；$B^2=n^2+(m+1)^2$；
　　　$F=n^2+m^2$；$m=z/L$；$n=r/L$；

μ——土的泊松比；

z——计算应力点与地表面的竖向距离；

r——计算应力点与桩轴线的水平距离。

由式（4.16）～式（4.18）可进一步推导出土中任意一点 $M(r，z)$ 处的竖向应力为：

$$\sigma_z = \frac{P}{L^2}\left[(1-\alpha-\beta)K_b + \alpha K_r + \beta K_t\right] \tag{4.20}$$

根据图 4.5，可推出沿桩身竖直方向上任一点的桩身轴力为：

$$P(z) = P - P_r\frac{z}{L} - P_t\frac{z^2}{L^2} \tag{4.21}$$

如图 4.5 所示，A 点相对于桩端的压缩量为：

$$S_{AO} = \int_a^L \frac{P(z)}{E_p A_p}dz \tag{4.22}$$

B 点相对于桩端的压缩量为：

$$S_{BO} = \int_b^L \frac{P(z)}{E_p A_p}dz \tag{4.23}$$

采用有限压缩层地基模型，按单向压缩计算单桩的桩端沉降为：

$$S_b = \int_L^{L+H} \frac{\sigma_z}{E_s}dz \tag{4.24}$$

式中：H——单桩沉降计算范围的深度。

则桩身 A、B 点沉降分布为：$S_A^P = S_{AO} + S_b$；$S_B^P = S_{BO} + S_b$。

A'点沉降为：$\quad S_{A'}^S = \int_a^L \frac{\sigma_z}{E_s}dz + S_b \tag{4.25}$

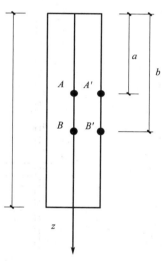

图 4.5　桩身计算点示意图

B'点沉降为：$\quad\quad S_{B'}^S = \int_b^L \frac{\sigma_z}{E_s}dz + S_b \tag{4.26}$

假定桩-土之间不发生相对滑动，则桩上任一点的竖向位移与该处桩侧相邻土体的压缩变形相互协调。即有：$S_A^P = S_{A'}^S$；$S_B^P = S_{B'}^S$，则可求出荷载分配系数 α、β 的值，再利用所求得的 α、β 值就可计算出桩身的弹性压缩量为：

$$S_e = \int_0^L \frac{P(z)}{E_p A_p}dz \tag{4.27}$$

以及在竖向荷载 P 作用下的桩顶的沉降量为：

$$S = S_e + S_b = \int_0^L \frac{P(z)}{E_p A_p}dz + \int_L^{L+H} \frac{\sigma_z}{E_s}dz \tag{4.28}$$

利用求得的荷载分配系数值，在给定桩顶荷载的情况下，代入式（4.27）及式（4.28）即可求得桩身的弹性压缩量和桩顶沉降量。式（4.28）即为适用于直桩的单桩沉降计算公式。

4.2.3　机械连接预应力混凝土异型桩及桩周土的基本假定

为简化分析，本节作了以下基本假定：

1）桩周边的地基土为有限压缩层；

2）桩的存在不影响地基土的特性，地基土的应力用弹性理论求解；

3）环状凸肋对桩周边土的挤密影响可简化为附加应力，由文献［24］可知，仅考虑环状凸肋下部两倍深度的附加应力（图 4.6）；

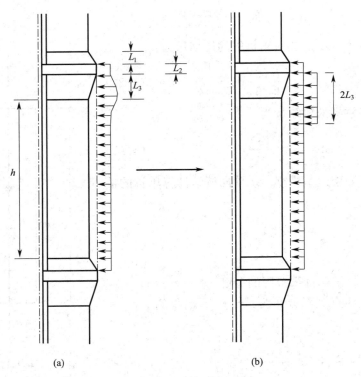

图 4.6　环状凸肋部简化图

4）破坏滑动面发生在纵状凸肋与土之间的界面，即环状凸肋直径相当的圆筒剪切面的直径；

5）纵状凸肋折算为桩体刚度，按体积比折算。

4.2.4　机械连接预应力混凝土异型桩单桩沉降计算方法

1. 桩顶荷载引起的竖向应力

Geddes 在 Mindlin 课题的基础上，把桩顶荷载 P（作用在直桩上）分解为三种形式：桩端阻力（图 4.7b）、沿深度矩形分布的桩侧摩阻力（图 4.7c）、沿深度三角形分布的桩侧摩阻力（图 4.7d）；考虑预应力混凝土异型管桩承载力的特性，根据试验研究表明：肋部的受力可等效为对肋部下面土的挤密作用，即产生附加应力，为了方便简化计算，把肋部下面的这种附加应力简化为沿环状凸肋两倍下部长度矩形分布的桩侧摩阻力（图4.7e）。

假设预应力混凝土异型管桩共有 n 个环状凸肋体，第 i 个环状凸肋体分配的桩顶荷载系数为 γ_i。因此本文在 Geddes 的基础上，把作用在预应力混凝土异型管桩上的桩顶荷载 P 分解为四部分：

（1）桩端阻力 $P_b = (1 - \alpha - \beta - \sum\limits_{i=1}^{n}\gamma_i)P$（图 4.7b）；

（2）沿深度矩形分布的桩侧摩阻力 $P_r = \alpha P$（图 4.7c）；

（3）沿深度三角形分布的桩侧摩阻力 $P_t = \beta P$（图 4.7d）；

（4）沿环状凸肋两倍下部长度矩形分布的桩侧摩阻力 $P_j = \sum\limits_{i=1}^{n}\gamma_i P$（图 4.7e）。

式中：$1 - \alpha - \beta - \sum\limits_{i=1}^{n}\gamma_i$、$\alpha$、$\beta$、$\sum\limits_{i=1}^{n}\gamma_i$ 分别为桩端阻力、桩侧矩形分布摩阻力、桩侧三角形分布摩阻力和环状凸肋两倍下部长度矩形分布的桩侧摩阻力的荷载分配系数。

在以上几种力的作用下，土体中任一点 (r, z) 的竖向附加应力 σ_z 可通过叠加求得。

1）由桩端集中力引起的竖向附加应力为：

$$\sigma_{zb} = \frac{P_b}{L^2}k_b \tag{4.29}$$

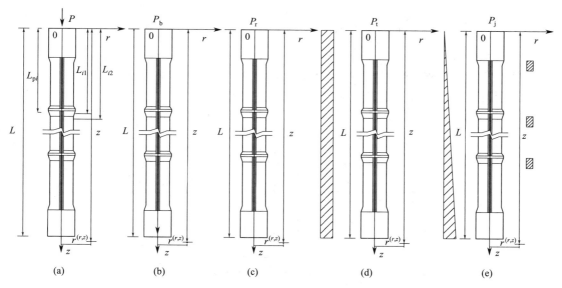

图 4.7 异型管桩荷载分解示意图

2）由沿桩侧深度矩形分布的摩阻力引起的竖向附加应力为：

$$\sigma_{zr} = \frac{P_r}{L^2}k_r \tag{4.30}$$

3）由沿桩侧深度三角形分布的摩阻力引起的竖向附加应力为：

$$\sigma_{zt} = \frac{P_t}{L^2}k_t \tag{4.31}$$

4）由环状凸肋两倍下部长度矩形分布的桩侧摩阻力引起的竖向附加应力为（图

4.8)：

$$\sigma_{zj} = \sum_{i=1}^{n} \left(\frac{P_{ir2}}{L_{i2}^2} K_{ir2} - \frac{P_{ir1}}{L_{i1}^2} K_{ir1} \right) \qquad (4.32)$$

以上式中：
$$P_{ir2} = \frac{r_i L_{i2}}{2L_3} P$$

$$P_{ir1} = \frac{r_i L_{i1}}{2L_3} P$$

总的竖向附加应力为：
$$\sigma_z = \sigma_{zb} + \sigma_{zr} + \sigma_{zt} + \sigma_{zj} \qquad (4.33)$$

以上式中：L_{i1}——第 i 个环状凸肋下部顶部距桩顶距离（图 4.8）；

$L_{i2} = L_{i1} + 2L_3$，L_3 为环状凸肋下部长度（图 4.6）；

将 $m = \dfrac{z}{L}$，$n = \dfrac{r}{L}$ 代入式（4.17）、式（4.18）和式（4.19）可得 K_b、K_r、K_t；

将 $m = \dfrac{z}{L_{i1}}$，$n = \dfrac{r}{L_{i1}}$ 代入式（4.18）可得 K_{ir1}；

将 $m = \dfrac{z}{L_{i2}}$，$n = \dfrac{r}{L_{i2}}$ 代入式（4.19）可得 K_{ir2}；

$P_j = \sum\limits_{i=1}^{n} P_{ij} = \sum\limits_{i=1}^{n} \gamma_i P$。

2. 桩身轴力

根据图 4.7 及图 4.8 并结合式（4.21）可得出桩身任一点的轴力值：

1）第 1 个环状凸肋以上桩身轴力

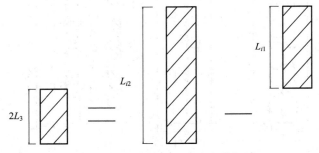

图 4.8　环状凸肋矩形摩阻力分解图

$$P_1(z) = P - P_r \frac{z}{L} - P_t \frac{z^2}{L^2} \qquad (4.34a)$$

2）第 $i-1$ 和 i 个环状凸肋桩体之间桩身轴力

$$P_i(z) = P - P_r \frac{z}{L} - P_t \frac{z^2}{L^2} - \sum_{j=1}^{i-1} \gamma_j P \qquad (4.34b)$$

3）第 n 个环状凸肋以下桩身轴力

$$P_{n+1}(z) = P - P_r \frac{z}{L} - P_t \frac{z^2}{L^2} - \sum_{j=1}^{n} \gamma_j P \qquad (4.34c)$$

4）第 i 个环状凸肋体上桩身轴力

$$P_{ip}(z) = P - P_r \frac{z}{L} - P_t \frac{z^2}{L^2} - \sum_{j=1}^{i-1} \gamma_j P - \frac{\gamma_i (z - L_{i1})}{2L_3} P \qquad (4.34d)$$

式中：$1 \leqslant i \leqslant n$，$0 \leqslant z \leqslant L$。

3. 荷载分配系数的求解

求解桩的荷载分配系数 α、β、$\gamma_1 \cdots \gamma_n$ 是计算桩基沉降的关键一步。求解依据是：桩的竖向位移与周围土体的压缩变形相互协调，即假定桩-土之间不发生相对滑动。当新型管桩桩身上有 n 个环状凸肋体时，共有 $n+2$ 个未知量，因此必须在桩身上取 $n+2$ 个点，并在桩周相应位置上取 $n+2$ 个点，建立位移协调方程，即可求出各未知系数。

当桩身设置 n 个环状凸肋体时，将桩身分成 $n+1$ 个桩段，可在前 n 个桩段内每段取 1 个点，第 $n+1$ 段内取 2 个点，共取到 $n+2$ 个点，同时在相邻土体上相应位置上取 $n+2$ 个点，如图 4.9 所示，桩体直径不考虑肋部影响，全部按本体部直径计算截面面积，下面以第 i 个桩段为例进行讨论。

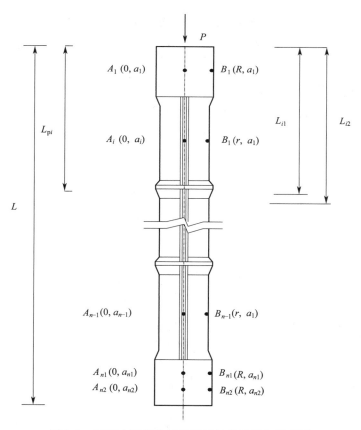

图 4.9　预应力混凝土异型管桩桩身计算点示意图

A_1 点相对于桩端的压缩量为：

$$S_{A_1} = \int_{a_1}^{L} \frac{P_1(z)}{E_p A_p} \mathrm{d}z = \frac{1}{E_p A_p} \int_{a_1}^{L} \left(P - P_r \frac{z}{L} - P_t \frac{z^2}{L^2} \right) \mathrm{d}z \qquad (4.35)$$

A_i 点相对于桩端的压缩量为：

$$S_{A_i} = \int_{a_i}^{L} \frac{P_i(z)}{E_p A_p} dz = \frac{1}{E_p A_p} \int_{a_i}^{L} \left(P - P_r \frac{z}{L} - P_t \frac{z^2}{L^2} - \sum_{j=1}^{i-1} \gamma_j P \right) dz \tag{4.36}$$

A_{n-1} 点相对于桩端的压缩量为：

$$S_{A_{n-1}} = \int_{a_{n-1}}^{L} \frac{P_i(z)}{E_p A_p} dz = \frac{1}{E_p A_p} \int_{a_{n-1}}^{L} \left(P - P_r \frac{z}{L} - P_t \frac{z^2}{L^2} - \sum_{j=1}^{i-1} \gamma_j P \right) dz \tag{4.37}$$

A_{n1} 点相对于桩端的压缩量为：

$$S_{A_{n1}} = \int_{a_{n1}}^{L} \frac{P_n(z)}{E_p A_p} dz = \frac{1}{E_p A_p} \int_{a_{n1}}^{L} \left(P - P_r \frac{z}{L} - P_t \frac{z^2}{L^2} - \sum_{j=1}^{n} \gamma_j P \right) dz \tag{4.38}$$

A_{n2} 点相对于桩端的压缩量为：

$$S_{A_{n2}} = \int_{a_{n2}}^{L} \frac{P_n(z)}{E_p A_p} dz = \frac{1}{E_p A_p} \int_{a_{n2}}^{L} \left(P - P_r \frac{z}{L} - P_t \frac{z^2}{L^2} - \sum_{j=1}^{n} \gamma_j P \right) dz \tag{4.39}$$

采用有限压缩层地基模型，按单向压缩计算单桩的桩端沉降为：

$$S_b = \int_{L}^{L+H} \frac{\sigma_z}{E_s} dz \tag{4.40}$$

式中：H——单桩沉降计算范围的深度。

则桩身 A_1、A_i、A_{n-1}、A_{n1}、A_{n2} 点沉降分别为：

$$\begin{cases} S_{A_1}^P = S_{A_1} + S_b \\ S_{A_i}^P = S_{A_i} + S_b \\ S_{A_{n-1}}^P = S_{A_{n-1}} + S_b \\ S_{A_{n1}}^P = S_{A_{n1}} + S_b \\ S_{A_{n2}}^P = S_{A_{n2}} + S_b \end{cases} \tag{4.41}$$

B_1 点的沉降为：

$$S_{B_1}^S = \int_{a_1}^{L+H} \frac{\sigma_z}{E_s} dz + S_b \tag{4.42}$$

B_i 点的沉降为：

$$S_{B_i}^S = \int_{a_i}^{L+H} \frac{\sigma_z}{E_s} dz + S_b \tag{4.43}$$

B_{n-1} 点的沉降为：

$$S_{B_{n-1}}^S = \int_{a_{n-1}}^{L+H} \frac{\sigma_z}{E_s} dz + S_b \tag{4.44}$$

B_{n1} 点的沉降为：

$$S_{B_{n1}}^S = \int_{a_{n1}}^{L+H} \frac{\sigma_z}{E_s} dz + S_b \tag{4.45}$$

B_{n2} 点的沉降为：

$$S_{B_{n2}}^S = \int_{a_{n2}}^{L+H} \frac{\sigma_z}{E_s} dz + S_b \tag{4.46}$$

利用变形协调的条件可得：

$$S_{A_1}^{P}=S_{B_1}^{S}；S_{A_i}^{P}=S_{B_i}^{S}；S_{A_{n-1}}^{P}=S_{B_{n-1}}^{S}；S_{A_{n1}}^{P}=S_{B_{n1}}^{S}；S_{A_{n2}}^{P}=S_{B_{n2}}^{S} \tag{4.47}$$

上述方程组中 $1 \leqslant i \leqslant n$，故共有 $n+2$ 个方程，将式（4.35）~式（4.46）代入式（4.47）中，利用 Matlab 编程计算可求得 α、β、$\gamma_1 \cdots \gamma_n$ 各荷载分配系数。但实际上，由于方法本身就存在一些缺陷，并不能根据桩-土的位移协调理论顺利求出和实际相符合的唯一解，所谓"任意点"的选取不同，求出结果也很悬殊。

对直桩而言，为有效地避免桩端极点的影响，杨敏等人在原有方法的基础上，引入了"基点"的概念，用"基点"来取代桩端点，建议用 $0.97L$（L 为桩长）来代替桩长；对异型管桩而言，为避免环状凸肋处和桩端极点的影响，本书建议"任意点"的选取应尽量避开选环状凸肋处和桩端处的点。

4. 单桩沉降计算公式

竖向荷载下预应力混凝土异型管桩单桩的沉降由以下两部分组成：

1）桩身弹性压缩引起的桩顶的沉降 S_e；

2）桩端沉降 S_b。它包括桩侧荷载传递到桩端平面以下引起土体压缩，桩端随土体压缩而产生的沉降；桩端荷载引起土体压缩而产生的桩端沉降。因此，单桩沉降可表示为：

$$
\begin{aligned}
S = S_e + S_b &= \frac{1}{E_p A_p} \int_0^L P(z)\,\mathrm{d}z + \int_L^{L+H} \frac{\sigma_z}{E_s}\,\mathrm{d}z \\
&= \int_0^{L_{11}} \frac{P_1(z)}{E_p A_p}\,\mathrm{d}z + \sum_{i=1}^{n} \left[\int_{L_{i1}}^{L_{i1}+2L_3} \frac{P_{ip}(z)}{E_p A_p}\,\mathrm{d}z + \int_{L_{(i+1)1}}^{L_{i2}} \frac{P_i(z)}{E_p A_p}\,\mathrm{d}z \right] + \\
&\quad \int_{L_{n2}}^{L} \frac{P_n(z)}{E_p A_p}\,\mathrm{d}z + \int_L^{L+H} \frac{\sigma_z}{E_s}\,\mathrm{d}z
\end{aligned}
\tag{4.48}
$$

当知道了桩端阻力、矩形分布的桩侧摩阻力、三角形分布的摩阻力和环状凸肋两倍下部长度矩形分布的桩侧摩阻力的荷载分配系数以后，便可根据式（4.48）求得单桩沉降。

利用上一节求出的 α、β、$\gamma_1 \cdots \gamma_n$ 各荷载分配系数，代入式（4.48）中，进行预应力混凝土异型管桩的设计计算。

4.2.5 实例分析

1. 单桩沉降计算

1）工程概况

以第 3.1 节的预应力混凝土异型管桩 S5 试桩为例，验证预应力混凝土异型管桩的沉降计算公式。桩和土的物理力学性质同第 3 章，如表 3.1 所示，S5 试桩共有 14 个环状凸肋产生 14 个附加应力，任意点的选取，避开选环状凸肋处和桩端处的点，共取 16 个点，分别解出 16 个未知数。结合上面的分析，本章取 $0.97L$ 来代替桩长。

（1）桩顶荷载 $P=2500\mathrm{kN}$，$L=15\mathrm{m}$，$d=0.5\mathrm{m}$，$\mu=0.25$，$E_p=36\mathrm{GPa}$，$E_s=12.3\mathrm{MPa}$ 压缩厚度 $H=L$，则当计算点取值变化时，α、β、$\gamma_1 \cdots \gamma_n$ 和桩顶沉降 s 值的变化如表 4.1 和表 4.2 所示。

选取点的影响　　　　　　　　　　　　　　　　　　　　表 4.1

选取方案	A1 α	A2 β	A3 γ_1	A4 γ_2	A5 γ_3	A6 γ_4	A7 γ_5	A8 γ_6	A9 γ_7
一	(0,0.38) −0.58	(0,1.32) 0.28	(0,2.25) 0.32	(0,3.36) −0.05	(0,4.52) 0.19	(0,5.78) 0.02	(0,6.45) 0.02	(0,7.89) 0.02	(0,8.37) 0.04
二	(0,0.4) −0.41	(0,1.2) 0.15	(0,2.2) 0.25	(0,3.2) −0.09	(0,4.2) 0.30	(0,5.2) −0.17	(0,6.2) 0.29	(0,7.2) −0.14	(0,8.2) 0.07
三	(0,0.45) −0.65	(0,1.3) 0.32	(0,2.3) 0.16	(0,3.3) 0.09	(0,4.3) 0.08	(0,5.3) 0.07	(0,6.3) 0.06	(0,7.3) 0.05	(0,8.3) 0.04
四	(0,0.48) −0.62	(0,1.38) 0.32	(0,2.38) 0.15	(0,3.38) 0.12	(0,4.38) 0.08	(0,5.38) 0.07	(0,6.38) 0.06	(0,7.38) 0.05	(0,8.38) 0.04
五	(0,0.5) −0.65	(0,1.4) 0.34	(0,2.4) 0.13	(0,3.4) 0.14	(0,4.4) 0.08	(0,5.4) 0.07	(0,6.4) 0.06	(0,7.4) 0.05	(0,8.4) 0.04

选取点的影响　　　　　　　　　　　　　　　　　　　　表 4.2

选取方案	A10 γ_8	A11 γ_9	A12 γ_{10}	A13 γ_{11}	A14 γ_{12}	A15 γ_{13}	A16 γ_{14}	桩顶沉降量(mm)
一	(0,9.18) 0.04	(0,10.34) −0.01	(0,11.58) 0.08	(0,12.35) 0.00	(0,13.24) 0.00	(0,14.27) 0.02	(0,14.66) 0.01	25.27
二	(0,9.2) 0.06	(0,10.2) −0.02	(0,11.2) 0.10	(0,12.2) −0.02	(0,13.2) 0.06	(0,14.2) 0.00	(0,14.6) 0.04	23.38
三	(0,9.3) 0.04	(0,10.3) 0.01	(0,11.3) 0.04	(0,12.3) 0.02	(0,13.3) 0.02	(0,14.3) 0.01	(0,14.7) 0.00	24.53
四	(0,9.38) 0.04	(0,10.38) −0.01	(0,11.38) 0.04	(0,12.38) 0.02	(0,13.38) 0.01	(0,14.38) 0.01	(0,14.73) 0.00	26.33
五	(0,9.4) 0.04	(0,10.4) 0.00	(0,11.4) 0.04	(0,12.4) 0.02	(0,13.4) 0.01	(0,14.4) 0.01	(0,14.75) 0.00	27.22

（2）桩顶荷载 $P = 2500 \mathrm{kN}$，$L = 15 \mathrm{m}$，$d = 0.5 \mathrm{m}$，$\mu = 0.25$，$E_\mathrm{p} = 36 \mathrm{GPa}$，$E_\mathrm{s} = 12.3 \mathrm{MPa}$ 计算点取上述五种方案，则当压缩厚度变化时，桩顶沉降 s 值的变化如表 4.3 所示。

H 变化的影响　　　　　　　　　　　　　　　　　　　　表 4.3

s(mm)	$H = 10 \mathrm{m}$	$H = 15 \mathrm{m}$	$H = 20 \mathrm{m}$	$H = 25 \mathrm{m}$	$H = 30 \mathrm{m}$
方案一	24.81	25.27	25.54	25.72	25.86
方案二	22.93	23.38	23.65	23.83	23.97
方案三	24.08	24.53	24.79	24.98	25.11
方案四	25.87	26.33	26.61	26.79	26.93
方案五	26.75	27.22	27.50	27.69	27.83

2）计算结果分析

由表 4.1 和表 4.2 可知，当在桩身上选取的计算点位变化时，计算结果有一定的波动，但变化差距不大。

由表 4.1 和表 4.2 可知，$\gamma_1 \cdots \gamma_n$ 随桩顶至桩端逐渐变小，说明从上往下的环状凸肋产生的附加应力逐渐减小。α 负值表明异型管桩桩侧出现负摩阻力形式；五种选取方案中

α、β 变化不大，说明受计算点位置影响小。

由表 4.3 可知，随桩端下压缩土层厚度的增加，桩顶沉降量也逐渐增大，但增大幅度不大，建议取 $H = 15\mathrm{m}$。

2. 机械连接预应力混凝土异型桩数值模拟

有限元方法是在计算机技术和数值分析方法支持下发展起来的，是一种有效的数值计算方法，为解决复杂工程分析计算提供了有效的途径。有限元方法是数值计算中的一种离散化方法，它从变分原理出发，通过剖分插值，把泛函（能量积分）的极值问题转化为一组多元线性代数方程组来求解。从物理和几何概念来说，有限元方法是结构分析的一种计算方法，是矩阵方法在结构力学和弹性力学等领域的发展和应用，其基本思想是将弹性体划分为有限个单元，对每个单元，用有限个参数描述它的力学特性，而整个连续弹性体的力学特性可认为是这些小单元力学特性的总和，从而建立起连续体的力平衡关系。

就结构分析而言，有限元方法的计算过程为：

1）结构离散化；

2）单元特性分析，形成单元刚度矩阵；

3）将单元刚度组集成总刚度矩阵；

4）引入边界条件，求解。

本章结合前面第 3 章静载试验的资料，采用大型有限元软件 MIDAS/GTS 进行数值模拟分析。

MIDAS/GTS 是为了能够迅速完成对岩土及隧道结构的结构分析与设计而开发的"岩土隧道结构专用有限元分析软件"。较其他的有限元计算软件更直观，MIDAS/GTS 提供了多样化的建模方式，强大的分析功能，利用最新的求解器获得的最快的分析速度，卓越的图形处理功能以及为满足实际设计人员的需要，提供更为精确的分析结果等。因此本章中采用 MIDAS/GTS 对预应力混凝土异型桩进行模拟，详细分析桩-土之间的相互作用，利用其后处理功能观察桩体及土体中的应力分布状况以及在桩顶竖向荷载作用下对土体的影响范围等。

1）计算假定

（1）对于每一层土，假定为各向同性的均质体；

（2）混凝土桩体为线弹性材料；

（3）考虑土体为理想弹塑性材料；

（4）考虑桩-土接触面的状态非线性问题；

（5）同一土层的压缩模量不随深度变化。

2）计算模型的确定

该计算模型取自第 3 章静载荷试验中编号为 S5 的试桩资料，土层分布除去松散杂填土和素填土外，其余土层保留。经反复试算后，取土体平面尺寸为半径 3m 的圆柱，深度取为 2 倍桩长，异型管桩节部半径为 0.215m，非节部半径为 0.25m，桩长为 15m，其位于土体中心，如图 4.10 所示。

由于混凝土桩的弹性模量较土的压缩模量大很多，所以在有限元分析时，将混凝土桩看作线弹性体材料。而把土体看作理想弹塑性体，即考虑土体的非线性特征，土体破坏准则选用 Druker-Prager 屈服准则，根据勘测结果选取土体材料参数，见表 4.4 和表 4.5。

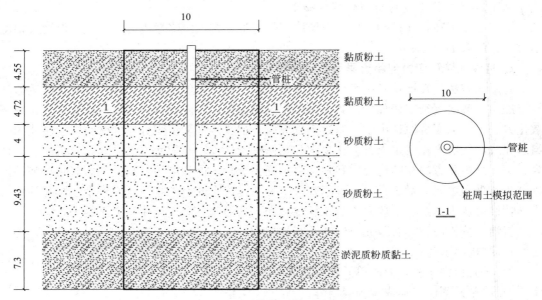

图 4.10　计算模型侧面示意图

在 MIDAS/GTS 中用四面体实体单元来模拟桩体和土体，采用自适应网格划分桩体及土体。因为预应力混凝土异型管桩桩体与土体咬合为一体，且对于预应力混凝土异型管桩而言，桩-土接触面的非线性对整体沉降问题影响不可忽略，故而考虑其接触面处两种材料变形的不连续性（即出现的滑动现象），即接触单元采用 Goodman 类型滑动单元。荷载工况见表 4.6。

土体材料参数表　　　　　　　　　　　　　　　　　　　　表 4.4

土层名称	厚度(m)	压缩模量(MPa)	黏聚力(kPa)	摩擦角(°)	重度(kN/m³)	泊松比
黏质粉土	4.55	5.7	14.0	18.1	19.1	0.28
黏质粉土	4.72	6.8	9.1	18.9	19.5	0.25
砂质粉土	4.00	7.3	10.3	22.9	19.8	0.20
砂质粉土	9.43	12.3	6.0	29.0	19.4	0.18
淤泥质粉质黏土	7.30	2.9	5.4	5.1	17.7	0.40

预应力混凝土异型管桩材料参数表　　　　　　　　　　　　表 4.5

桩长(m)	混凝土强度等级	弹性模量(MPa)	泊松比	节部半径(m)	分节部半径(m)	内径(m)
15	C60	36000	0.18	0.250	0.215	0.115

荷载工况表　　　　　　　　　　　　　　　　　　　　　表 4.6

荷载级数	1	2	3	4	5	6	7	8	9
荷载值(kN)	500	750	1000	1250	1500	1750	2000	2250	2500

在 MIDAS/GTS 中对三维实体单元没有定义单元坐标系，而是使用整体坐标系，即实体单元仅具有沿着整体坐标系 X、Y、Z 方向的平移自由度。计算模型网格划分图中三维图的实体角部坐标系为整体坐标系，而白色坐标系为视图坐标系，不影响计算结果。

土体的边界条件采用在左右边界上的节点上约束了 X、Y 方向的平移自由度，在模型底部约束了 Z 方向平移自由度，模型顶面不约束任何自由度。如图 4.11 所示。

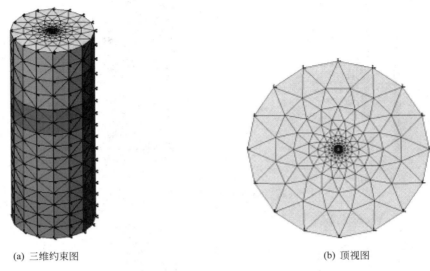

(a) 三维约束图　　　　　　　　　　　　　(b) 顶视图

图 4.11　计算模型网格划分图结果分析

3）位移场分析

图 4.12 为不同方法得到的沉降对比图。图 4.13～图 4.21 为不同荷载工况下桩和土体的位移等值线图。

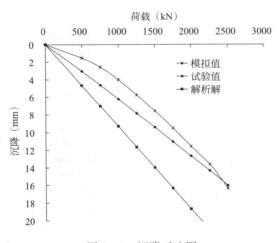

图 4.12　沉降对比图

采用四面体单元进行离散及单元划分较大，桩划分单元为 0.1m，土体划分单元为 2.0m，计算结果与实测结果很接近。在荷载 2500kN 作用下，实测资料的桩顶竖向位移值为 16.37mm，数值分析结果为 16.03mm，方案二最小解析解为 23.38mm，前两者相差 0.34mm，解析解略偏大，说明本文建立的模型所取参数基本合理。虽然有点误差，但并不影响异型管桩在竖向荷载作用下，土体中竖向位移和侧向位移的分析。

101

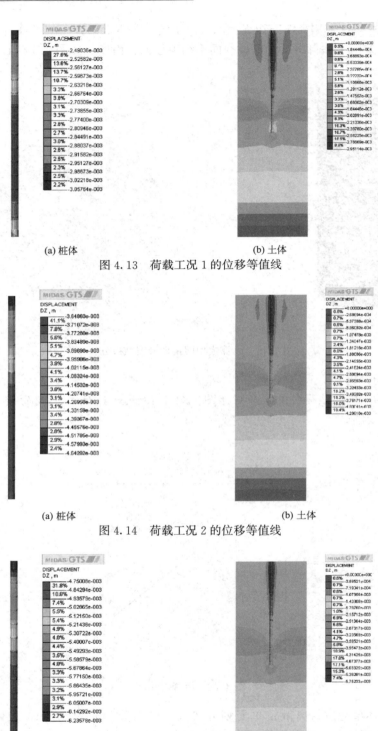

(a) 桩体　　　　　　　　　　　　(b) 土体

图 4.13　荷载工况 1 的位移等值线

(a) 桩体　　　　　　　　　　　　(b) 土体

图 4.14　荷载工况 2 的位移等值线

(a) 桩体　　　　　　　　　　　　(b) 土体

图 4.15　荷载工况 3 的位移等值线

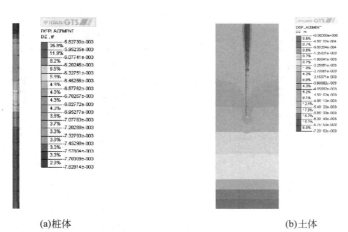

　　(a)桩体　　　　　　　　　　　　　　　　　(b)土体

图 4.16　荷载工况 4 的位移等值线

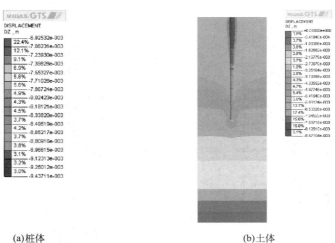

　　(a)桩体　　　　　　　　　　　　　　　　　(b)土体

图 4.17　荷载工况 5 的位移等值线

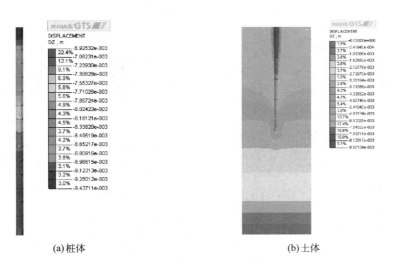

　　(a)桩体　　　　　　　　　　　　　　　　　(b)土体

图 4.18　荷载工况 6 的位移等值线

103

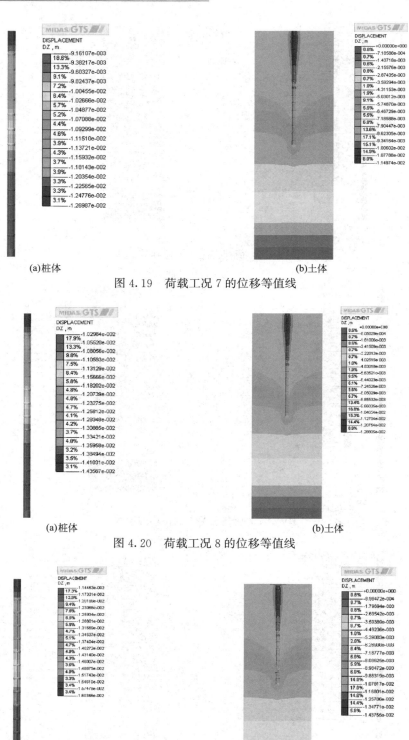

(a)桩体　　　　　　　　　　　　　(b)土体

图 4.19　荷载工况 7 的位移等值线

(a)桩体　　　　　　　　　　　　　(b)土体

图 4.20　荷载工况 8 的位移等值线

(a)桩体　　　　　　　　　　　　　(b)土体

图 4.21　荷载工况 9 的位移等值线

分析认为：

（1）由于纵环肋部的存在，给桩周一定范围内土体带来了比较明显的影响。纵向上看，从地面至 7.0 m 的土体之间影响最大，土体变形呈向上的抛物线型；横向上看，上面影响范围的土体沿桩周边 2 倍桩直径的土体出现大致一样的位移。说明桩受竖向荷载后，桩体首先通过肋部把荷载传递给土体，当传递荷载力超过土体强度时，即产生了一个与环状凸肋直径大小相当的圆筒型剪切破坏面，在这个圆筒剪切破坏面内，土体随桩体一起沉降，在圆筒剪切破坏面外的土体呈滑动运动，当然沉降就要相对较小些。

（2）随着土层深度的增加，桩周边的土压力使得破坏面会慢慢变小，此时桩体跟土体的沉降相差不大，主要原因是土跟桩粘在一起运动了。在每个环状凸肋部周边的土体，明显比在非环状凸肋周边的土体受影响大，沉降要大一点，其中上节部肋要比下节部肋影响大，影响由上往下逐渐减小，此趋势正好验证了本章的理论分析结论，从上往下的环状凸肋产生的附加应力逐渐减小。

从异型管桩的侧向位移上分析，图 4.22 展示了异型管桩桩周土体 Y 方向的位移。桩端下土体的侧向位移说明，受桩端荷载的影响，土体受压后朝两侧挤密并沿侧向挤出，土体内均未出现位移滑动面，表明桩端土体以压密变形为主。在桩顶出现 Y 方向的负值区，反映了由于桩顶沉降而造成土体向桩体所作的侧向移动，形成一个浅部的凹陷区。由于节部肋的影响，可以从图中明显看出肋部挤土效应比非肋部强烈，从上往下逐渐增大。说明在竖向荷载作用下，从桩顶往下一长度的节部肋位移跟周边土体相差较大时，对土体挤密不强烈，反而在桩端附近由于土体跟桩体一起沉降时，对土体挤密强烈，在桩底节部肋斜面对土起着"拱"的作用，从而导致土体产生较大的横向位移。

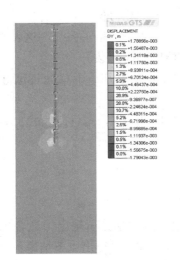 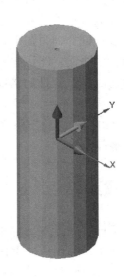

图 4.22　Y 方向位移等值线

4）应力场分析

图 4.23 为在各种荷载工况作用下，异型管桩沿桩身入土深度变化的轴力曲线图，从

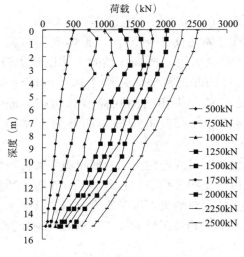

图 4.23　轴力图

图可知，随着竖向荷载逐渐增大，桩体的轴力沿桩身变化规律不同：

（1）当竖向作用的荷载小于 2000kN 时，在桩顶至桩身 7.0m 之内，桩体的轴力值大于每级加载的荷载值，说明在荷载水平较低时，此时纵横肋部破坏的上层浅部土层较大，即剪切了桩周边土体，使得桩侧土仅在肋部相接触，桩体的非肋部跟土体接触面积较小，产生的正摩阻力极小，而大部分桩侧土体在此范围内沉降量大于桩体沉降，产生了负摩阻力，使得此范围的桩体轴力大于每级加载的初始值，从而使桩轴向压缩量增加。

（2）当竖向作用的荷载大于 2000kN 时，桩体轴力没有出现负摩阻力而增加桩内轴向荷载，说明在荷载水平较高时，桩体跟土体界面没有出现相对位移，两者之间接触密实。

（3）异型管桩的轴力图中，桩身轴力在每个横肋处轴力产生了突变，这表明横肋在异型管桩影响效果明显，能承担一部分荷载，减小桩体的轴向荷载。

（4）横肋对异型管桩的影响随荷载增大逐渐减小，从上往下的横肋逐渐起分担荷载作用。

（5）在 2500kN 荷载作用下，分担给桩端的受力为 822kN，占总荷载的 33%，说明异型管桩为摩擦端承桩。

4.3　本章小结

本章以单桩的沉降为主，在 Geddes 解的基础上通过理论分析提出了适合工程估算沉降为目的的新型带肋预应力管桩沉降计算公式，总结本章，可得出以下结论：

1）新型带肋预应力管桩由于纵环凸肋的存在，使其荷载传递机理变得较为复杂，但通过对其纵环凸肋的简化，还是可以利用 Geddes 解进行处理，求解其沉降量的。

2）用位移协调法求解分配系数时，没有考虑到桩端以下土层的性质，跟桩顶作用荷载大小也无关，使得摩擦桩和端承桩有相同的荷载传递规律，这与实际情况不符，因此，不能以此方法来确定桩的荷载传递情况。

3）虽然当计算点变化时，分配系数的解不唯一，但环状凸肋产生的附加应力分配系数规律明显，可作为理论分析依据。

4）采用新型带肋预应力管桩单桩沉降公式计算的结果，跟现场试验结果接近。

5）根据对本类型新型带肋预应力管桩的模拟，结果表明该类型管桩对周边土产生一个跟环状凸肋大小相当的圆筒剪切面，在环肋之处轴应力变化明显，能有效起到端阻力的作用，对邻近的下部桩体产生一个附加应力作用。

第 5 章 机械连接预应力混凝土异型桩耐久性

随着近年来管桩应用范围越来越广，海港、码头等地区的管桩耐久性问题尤为突出。桩耐久性包括桩身混凝土、钢筋锈蚀、金属端头、接头等问题。桩身长期暴露于腐蚀环境下，其混凝土碳化导致钢筋直接暴露于腐蚀介质中，直接削减了钢筋的有效承载面积。且钢筋锈蚀物膨胀容易导致混凝土保护层开裂，甚至脱落。连接处的耐久性问题也尤为重要，长期以来预应力混凝土管桩连接处通常采用电焊连接，此方法不仅费时、费电、费人工，而且连接中需要使用大量的钢板。传统预制桩采用人工施焊，该方法要求先对称点焊4～6点，再进行对称施焊，焊缝需连续饱满，不得有夹渣或气孔，施焊层数应在两层以上，每个接头操作约需 20min，待焊缝自然冷却后方可沉桩。焊接法接桩对技术工人、端板的要求较高，施工质量难以保证，桩接头处往往成为桩体的薄弱环节。且焊接接头焊缝直接暴露于腐蚀介质中，焊缝区的腐蚀直接影响管桩的耐久性和安全性。浙江天海管桩有限公司在管桩工程实践中对传统方法进行了重大的工艺改进和创新，采用插接式接桩扣及预制件接桩的新技术，取消了接桩连接钢板。该技术设计新颖、接桩快速、用料省、不消耗电源、技术可行，现已经发展到第十三代连接件（图 5.1）。该技术已经通过试验验证其各项力学性能指标表现良好，并在实际工程中得到了广泛的应用。

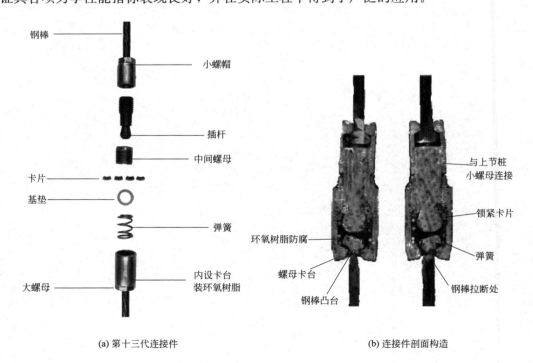

(a) 第十三代连接件

(b) 连接件剖面构造

图 5.1　预应力混凝土异型管桩第十三代连接件

为了更进一步验证其在土壤中长期工作的耐久性能，本章对该预应力混凝土异型管桩与先张法预应力混凝土管桩耐久性进行对比试验，以鉴定预应力混凝土异型管桩的长期可靠性。

5.1 试验目的

通过试验对比预应力混凝土异型管桩与先张法预应力混凝土管桩的耐久性能。

5.2 试验内容

1）通过加速腐蚀试验对预应力混凝土异型管桩与先张法预应力混凝土管桩进行加速劣化；

2）比较劣化后的预应力混凝土异型管桩与先张法预应力混凝土管桩抗拉力学性能；

3）比较劣化后的预应力混凝土异型管桩与先张法预应力混凝土管桩抗剪力学性能。

5.3 试验设计与结果分析

5.3.1 管桩材料

混凝土及钢筋材料选取分别如表 5.1、表 5.2 所示。

混凝土材料 表 5.1

试验类型	桩型	配合比（水泥：水：砂：石子：外加剂）	混凝土强度等级	混凝土实测强度(MPa)
抗拉试验	先张法预应力混凝土管桩	1：0.30：1.8：2.47：0.018	C60	63.2
	预应力混凝土异型管桩	1：0.31：1.73：2.36：0.019	C65	67.8
抗剪试验	先张法预应力混凝土管桩	1：0.30：1.8：2.47：0.018	C60	75.7
	预应力混凝土异型管桩	1：0.31：1.73：2.36：0.019	C65	69.2

钢筋材料 表 5.2

试验类型	桩型	钢筋直径(mm)	数量	单根钢筋抗拉强度(MPa)	单根钢筋公称截面积(mm²)	弹性模量(MPa)
抗拉试验	先张法预应力混凝土管桩	$\phi^D 7.1$	7	1420	40	2.0×10^5
	预应力混凝土异型管桩	$\phi^D 7.1$	7	1420	40	2.0×10^5
抗剪试验	先张法预应力混凝土管桩	$\phi^D 9.0$	10	1420	64	2.0×10^5
	预应力混凝土异型管桩	$\phi^D 9.0$	10	1420	64	2.0×10^5

5.3.2 管桩制作

管桩制作过程中，用一根长度5m的导线一端与管桩内钢筋连接，用环氧树脂密封，导线另一端从管桩中引出留作下步通电待用。试件参数如表 5.3 所示。

管桩参数　　　　　　　　　　　　　　　　　　　　　　　表 5.3

桩型	长度 (mm)	最大外径 (mm)	最小外径 (mm)	最大外径处 壁厚(mm)	最小外径处 壁厚(mm)	施加预应力 (kN)
抗拉试验先张法预 应力混凝土管桩	3000	400		60		278
抗拉试验预应力 混凝土异型管桩	3000	400	370	75	60	298
抗剪试验先张法预应力 混凝土管桩	3000	500		100		636
抗剪试验预应力 混凝土异型管桩	3000	500	460	120	100	682

5.3.3　管桩加速劣化试验

1. 加速劣化原理

将混凝土内待锈蚀钢筋作为阳极，用不锈钢或铜片作阴极，以混凝土作为介质，为了降低混凝土的电阻率，通常将混凝土构件浸泡在 NaCl 溶液内或使混凝土保持潮湿，控制电流强度与通电时间，根据法拉第定律，可以确定钢筋锈蚀量。腐蚀电流 I 可表示为：

$$I = i \cdot A \tag{5.1}$$

式中：i——腐蚀电流密度；

　　　A——待锈蚀钢筋原表面积（cm^2）。

根据法拉第定律，钢筋锈蚀引起的质量损失 Δw 可以表示为：

$$\Delta w = \frac{MIT}{ZF} \tag{5.2}$$

式中：M——铁的原子量，取 56g；

　　　T——通电时间（s）；

　　　Z——铁的化合价，取 2；

　　　F——法拉第常数，取 96500。

钢筋锈蚀引起的质量损失 Δw 又可以表示为：

$$\Delta w = \Delta x \gamma \tag{5.3}$$

式中：Δx——钢筋的锈蚀深度（cm）；

　　　γ——钢筋密度（g/cm^3）。

由式（5.2）和式（5.3）可得预期通电时间 T 为：

$$T = \frac{\gamma ZF \Delta x}{Mi} \tag{5.4}$$

由此可见，当腐蚀电流密度 i 保持恒定时，钢筋的腐蚀深度与通电时间成正比，只要有效控制通电时间，便可使钢筋达到预期的锈蚀程度。

2. 管桩加速劣化试验

如图 5.2 所示，试验水池大小为 $4200mm \times 4200mm \times 950mm$，试验时把管桩放入池中，并用浓度为 5% 的 NaCl 溶液将管桩浸润 10d 后，将管桩中引出的导线与直流电源正极连接，另取一块不锈钢放置于水池中，并与电源负极连接，打开直流电源进行通电加速腐蚀试验。

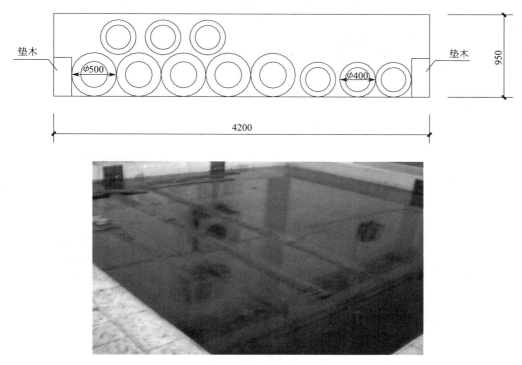

图 5.2 管桩浸泡试验

鉴于本次试验的目的是对比预应力混凝土异型管桩与先张法预应力混凝土管桩在相同的腐蚀环境下的耐久性能，因此，本试验采用对各个管桩施加相同大小的通电电压来模拟相同腐蚀环境对管桩的劣化作用，在通电过程中保持电压为恒定值 7V，通电时间为 60d。图 5.3 为本次试验中预应力混凝土异型管桩与先张法预应力混凝土管桩通电加速锈蚀装置示意图。

待达到预期的通电时间后，结束通电，将池中水排出，将管桩放置 10d，待管桩充分干燥后进行下一步试验。

图 5.4 为加速锈蚀后的管桩图片，对管桩表面进行外观观测可以发现：

1）无论预应力混凝土异型管桩或是先张法预应力混凝土管桩表面在一些螺旋筋方向和预应力筋方向均出现肉眼可见的锈胀裂缝；

2）先张法预应力混凝土管桩连接处端板锈蚀比较严重，原有的保护涂层被锈蚀产物胀开，在长期的腐蚀环境中并不能对接缝起到有效的保护作用；

3）与先张法预应力混凝土管桩连接处端板情况相似，预应力混凝土异型管桩套箍也锈蚀较为严重，原有的环氧涂层被锈蚀产物胀开，在长期的腐蚀环境中并不能对套箍起到

111

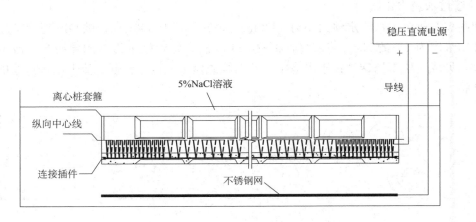

(a)预应力混凝土异型管桩

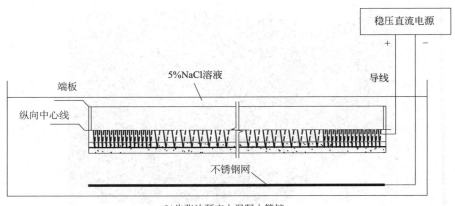

(b)先张法预应力混凝土管桩

图 5.3　通电法加速锈蚀装置示意图

有效的保护作用。

图 5.4　加速锈蚀后管桩

5.3.4 管桩抗拉强度试验

1. 管桩试件材料特性及几何材性

制作标准：本次试验桩型 PTC-500（65）根据《先张法预应力混凝土管桩》（2010 浙 G22）图集的规定制作。

抗拉试验管桩试件混凝土材料选取及钢筋尺寸选取同表 5.1、表 5.2。试件尺寸参数如表 5.4 所示。

抗拉试验试件尺寸参数
表 5.4

桩型	长度（mm）	外径（mm）	壁厚（mm）
1 号先张法预应力混凝土管桩	3000	400	60
2 号先张法预应力混凝土管桩	3000	400	60
3 号预应力混凝土异型管桩	3000	400	75
4 号预应力混凝土异型管桩	3000	400	75

2. 加载试验

1）加载装置

对试验后的管桩进行抗拉强度试验，以测定其极限抗拉强度。试验采用的设备如图 5.5 所示。

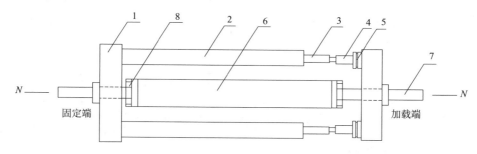

图 5.5　管桩抗拉强度测试装置

1—横梁（2 根）；2—支柱（2 根）；3—1000kN 千斤顶（2 台）；4—1500kN 力传感器（2 台）；

5—球铰座（2 组）；6—试验管桩（1 根）；7—张拉螺杆（2 支）；8—张拉盘（2 个）

113

2）加载步骤

试验设备采用张拉千斤顶，油缸面积为41838mm^2。试验过程中，先将待试验管桩装入加载架，检查安装无误后通过千斤顶进行加载，加载时采用分级加载。每级加载后停留30s，观察桩身混凝土有无裂缝，套箍、端板有无变形，接头焊缝处有无裂缝等，直至管桩破坏或荷载增加困难，记录管桩开裂时和破坏时的荷载。两台千斤顶加载时，力求使两边荷载及横梁位移同步，荷载大小通过力传感器测得。

3. 试验结果

抗拉试验结果如表5.5～表5.8所示。

1号先张法预应力混凝土管桩抗拉试验结果　　　　　　　　表5.5

级别	加载力(kN)	状态	持荷时间(s)
1	84	无异常	30
2	134	无异常	30
3	167	发出响声,接头处靠上端开裂,宽度5mm,压力表指针回落,继续加载指针不上,并回落,靠固定端端板焊接处端板法兰脱开,3个镦头拉脱,两块端板法兰拉开	

2号先张法预应力混凝土管桩抗拉试验结果　　　　　　　　表5.6

级别	加载力(kN)	状态	持荷时间(s)
1	50	无异常	30
2	92	无异常	30
3	130	无异常	30
4	167	无异常	30
5	209	无异常	30
6	251	加载过程中发出响声,接头处靠上端开裂,宽度3mm,压力表指针回落,继续加载指针不上,并回落,靠固定端端板焊接处端板法兰脱开,6个镦头拉脱,1根主筋拉断,并拉出端面4cm左右	

3号预应力混凝土异型管桩抗拉试验结果　　　　　　　　表5.7

级别	加载力(kN)	状态	持荷时间(s)
1	84	无异常	30
2	126	无异常	30
3	167	无异常	30
4	209	无异常	30
5	251	靠张拉端桩桩身出现一条环向裂缝,宽度0.2mm	30
6	293	靠固定端桩身出现一条环向裂缝,宽度0.2mm,张拉端桩身裂缝宽度扩大到0.4mm	30
7	335	加载过程中发出响声,压力表指针回落,继续加载指针不上,并回落。靠张拉端桩身距接头35cm处,桩身开裂,主筋拉断,接头无异常	

4号预应力混凝土异型管桩抗拉试验结果　　表 5.8

级别	加载力(kN)	状态	持荷时间(s)
1	84	无异常	30
2	126	无异常	30
3	167	无异常	30
4	209	无异常	30
5	251	桩身出现两条环向裂缝,宽度 0.2mm	30
6	293	裂缝宽度 0.3mm	30
7	335	裂缝宽度 0.5mm	30
8	377	加载过程中发出响声,压力表指针回落。靠张拉端桩身距接头 60cm 处,桩身开裂,主筋拉断,接头无异常	

图 5.6 为各管桩抗拉破坏时的破坏形态,1 号和 2 号先张法预应力混凝土管桩破坏截面均发生在连接接缝处,而 3 号和 4 号预应力混凝土异型管桩均为桩身处主筋拉断破坏。

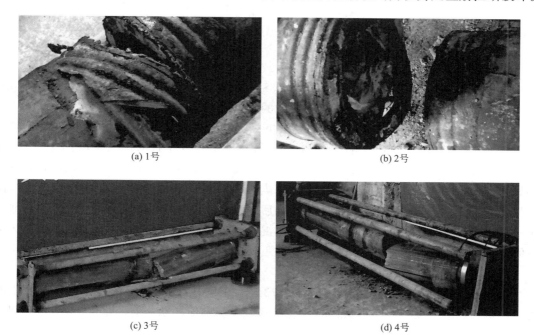

(a) 1号　　　　　　　　　　　　　　　　　(b) 2号

(c) 3号　　　　　　　　　　　　　　　　　(d) 4号

图 5.6　抗拉管桩的破坏形态

4. 试验结果分析

1) 管桩段开裂拉力计算分析

管桩拉伸状态下的开裂拉应力:

$$\sigma_{cr} = \sigma_{pc} + f_{tk} \tag{5.5}$$

式中:σ_{cr}——裂缝出现时刻混凝土截面上的拉应力(N/mm^2);

　　　σ_{pc}——管桩混凝土截面上的有效预压应力(N/mm^2);

　　　f_{tk}——混凝土抗拉强度标准值(N/mm^2)。

对于先张法预应力混凝土管桩：

$$\sigma_{cr} = \sigma_{pc} + f_{tk} = 4.34 + 2.04 = 6.38 \text{N/mm}^2 \tag{5.6}$$

对于预应力混凝土异型管桩：

$$\sigma_{cr} = \sigma_{pc} + f_{tk} = 4.90 + 2.09 = 6.99 \text{N/mm}^2 \tag{5.7}$$

先张法预应力混凝土管桩的换算面积：

$$A_0 = A + \left(\frac{E_s}{E_c} - 1\right) A_p$$

$$= \pi \times (400^2 - 280^2)/4 + \left(\frac{2 \times 10^5}{3.6 \times 10^4} - 1\right) \times 7 \times 40$$

$$= 65364 \text{mm}^2 \tag{5.8}$$

预应力混凝土异型管桩的换算面积：

$$A_0 = A + \left(\frac{E_s}{E_c} - 1\right) A_p$$

$$= \pi \times (370^2 - 250^2)/4 + 4 \times 15 \times 40 + \left(\frac{2 \times 10^5}{3.65 \times 10^4} - 1\right) \times 7 \times 40$$

$$= 62088 \text{mm}^2 \tag{5.9}$$

先张法预应力混凝土管桩拉伸时开裂荷载的理论值：

$$N_{cr}^0 = \sigma_{cr} A_0 = 6.38 \times 65364 = 417 \text{kN} \tag{5.10}$$

预应力混凝土异型管桩拉伸时开裂荷载的理论值：

$$N_{cr}^0 = \sigma_{cr} A_0 = 6.99 \times 62088 = 434 \text{kN} \tag{5.11}$$

1 号与 2 号先张法预应力混凝土管桩的实际抗拉承载力分别为 167kN 和 251kN，远远小于其开裂荷载，因此 1 号与 2 号管桩未开裂便发生了破坏。而 3 号与 4 号预应力混凝土异型管桩的锈后实际开裂荷载均为 251kN，与其完好桩的理论计算开裂荷载 434kN 相比有很大的下降，这主要是因为桩中钢筋锈蚀后，锈蚀产物的体积膨胀会引起混凝土内部产生一种锈胀拉应力。因此，在抗拉试验中，混凝土会处于双向受拉应力状态，其抗拉强度会明显下降，从而导致管桩的抗拉开裂荷载下降。

2）管桩极限受拉承载力计算分析

依据《先张法预应力混凝土管桩》GB 13476-2009 中第 4.2.1.2 条钢筋墩头强度不得低于该材料标准强度的 90%，因此取钢棒抗拉强度标准值的 0.9 倍，即 $0.9f_{ptk}$ 作为钢棒的抗拉强度。因此，本次试验中管桩的理论极限承载力为：

$$N_b = 0.9 f_{ptk} A_p = 0.9 \times 1420 \times 7 \times 40 = 357840 \text{N} = 358 \text{kN} \tag{5.12}$$

式中：N_b——管桩极限受拉承载力标准值；

　　　f_{ptk}——预应力钢棒强度标准值；

　　　A_p——预应力钢筋面积。

图 5.7 比较了管桩的抗拉强度理论计算值与试验值，从图中可以看出：与理论计算值 358kN 相比，1 号与 2 号先张法预应力混凝土管桩的锈后实际抗拉强度分别为 167kN 和 251kN，分别下降了 53% 和 30%；而 3 号与 4 号预应力混凝土异型管桩的锈后实际抗拉强度分别为 335kN 和 377kN，3 号桩仅下降了 6%，4 号桩由于试验中存在的误差，比理论强度略有偏大。

分析原因主要是先张法预应力混凝土管桩连接主要依赖端板的焊接接缝，而接缝容易暴露在外界侵蚀环境中，对于整根桩来说，便形成了小阳极大阴极，即在接缝处形成小阳极，使得接缝处的连接腐蚀加速，从而极大地削弱了接缝处的抗拉强度。而预应力混凝土异型管桩的受力连接件在桩内部，连接截面上的环氧可以更好地保护连接件不受到外界环境的侵蚀。另外，由于连接处的套箍可以起到一定的阴极保护作用，即牺牲阳极套箍，对桩内部的连接件起到更好的保护作用。

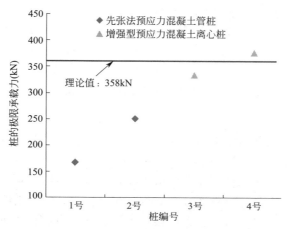

图 5.7 管桩抗拉强度理论值与试验值比较

5.3.5 管桩抗剪强度试验

1. 管桩试件材料特性及几何材性

制作标准：本次试验桩型 PTC-500（65）根据《先张法预应力混凝土管桩》（2010 浙 G22）图集的规定制作。

抗剪试验管桩由两段桩采用插接式接桩扣及预制件接桩组成。试件混凝土材料选取及钢筋尺寸选取同表 5.1、表 5.2。试件尺寸参数如表 5.9 所示。

试件尺寸参数 表 5.9

桩型	长度(mm)	外径(mm)	壁厚(mm)
1 号先张法预应力混凝土管桩	2850	500	110
2 号先张法预应力混凝土管桩	2850	500	107.5
3 号预应力混凝土异型管桩	2850	500	115
4 号预应力混凝土异型管桩	2910	500	110

2. 加载试验

1）加载装置

试验采用长春试验机厂生产的 YAW-5000/Y19-7 万能试验机。电阻应变仪采用奉华电子仪表厂生产的 YJR-5 型静态电阻应变仪器。百分表采用桂林量具刀具厂生产的 6 钻防振型百分表，量程 0～10mm。本试验采用的管桩抗剪试验装置力学简图如图 5.8 所示。

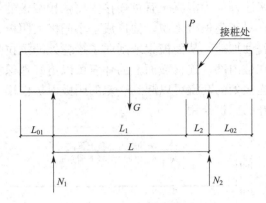

图 5.8　管桩抗剪试验装置力学简图

2）理论抗剪强度

关于管桩接头部位抗剪力学模型建立的说明：在国内，针对管桩接头处抗剪力学性能的研究资料很少，《先张法预应力混凝土管桩》GB 13476-2009 给出了桩身开裂抗剪承载力计算公式，对于管桩接头部位不作抗剪试验要求。通过抗拉试验发现，先张法预应力管桩耐久性薄弱部位为接头处连接件锈蚀，降低了管桩接头处的承载能力，因而，为对比检验两种类型管桩的长期可靠性进行了管桩接头处抗剪承载力试验。而目前尚未发现针对管桩接头处抗剪力学性能试验的相关参考文献，鉴于这种情况，在本试验中参考工业标准：《离心浇注高强度预应力混凝土桩》JIS A5337-1993 及其编制说明中的内容，并结合本试验的实际情况，为测量管桩接头处抗剪破坏荷载，建立了图 5.8 所示的力学模型。

目前国内尚未给出管桩接头处抗剪强度 Q 理论计算公式，本次试验参照《混凝土结构设计规范》GB 50010-2010 受弯构件抗剪强度计算公式给出如下抗剪强度计算理论公式：

$$Q = \frac{2tI}{s_0} \cdot \tau + 1.25 f_{yk} A_{SS0} h_0$$

$$= \frac{2tI}{s_0} \cdot \frac{1}{2}\sqrt{(\sigma_{ce} + 2\varphi f_{tk})^2 - \sigma_{ce}^2} + 1.25 f_{yk} A_{SS0} 1.6r \qquad (5.13)$$

式中：　$\dfrac{2tI}{s_0} \cdot \tau$——混凝土抗剪强度；

$1.25 f_{yk} A_{SS0} h_0$——螺旋钢筋产生的抗剪强度。

Q——抗剪强度（N）；

t——管壁壁厚（mm）；

I——混凝土截面相对中心轴的惯性矩（mm^4），$I = \dfrac{\pi}{4}(r_0^4 - r^4)$；

r_0——管桩外半径（mm）；

r——管桩内半径（mm）；

s_0——相对中和轴以上截面中心截面静矩（mm^3），$s_0 = \dfrac{2}{3}(r_0^3 - r^3)$；

τ——产生斜拉裂缝时剪切应力（N/mm^2）；

σ_{ce}——有效预压应力（N/mm^2）；

f_{tk}——混凝土抗拉强度标准值，C60 混凝土取 2.85N/mm^2；

φ——混凝土抗拉强度变异性系数，取 0.7。

则管桩抗剪强度对应的荷载 P：

$$Q = N_{21} + N_{22} = \frac{P \times L_1}{L} + \frac{G}{2} \qquad (5.14)$$

$$P = \frac{QL - GL/2}{L_1} \qquad (5.15)$$

根据上述公式，下面计算试件理论抗剪强度 Q 及其对应荷载 P。

（1）1 号试件

1 号试件受力简图如图 5.9 所示。

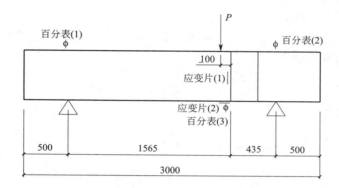

图 5.9 1 号试件受力简图及应变片、百分表设置

预应力钢筋的初始抗拉应力 σ_{con}：

$$\sigma_{con} = 0.7 f_{spk} = 0.7 \times 1420 = 994 \text{MPa} \qquad (5.16)$$

预应力放张后预应力钢筋的拉应力 σ_{pt}：

$$\sigma_{pt} = \frac{\sigma_{con}}{1 + n' \dfrac{A_p}{A_c}} = \frac{994}{1 + 5.56 \times 640/134706} = 968.42 \text{MPa} \qquad (5.17)$$

式中：A_p——预应力钢筋总面积，$A_p = 10 \times 64 = 640 \text{mm}^2$；

A_c——管桩混凝土面积，$A_c = (250^2 - 140^2) \times 3.14 = 134706 \text{mm}^2$；

n'——预应力钢筋弹性模量与放张时混凝土弹性模量之比，$n' = \dfrac{E_p}{E_c} = 5.56$；

E_p——预应力钢筋的弹性模量，$2.0 \times 10^5 \text{N/mm}^2$；

E_c——放张时混凝土弹性模量，$3.6 \times 10^4 \text{N/mm}^2$。

放张后混凝土预压应力 σ_{cpt}：

$$\sigma_{cpt} = \frac{\sigma_{pt} \cdot A_p}{A_c} = \frac{968.42 \times 640}{134706} = 4.60 \text{MPa} \qquad (5.18)$$

混凝土的徐变及混凝土的收缩引起的预应力钢筋拉应力损失 $\Delta\sigma_{cp\varphi}$：

$$\Delta\sigma_{p\varphi}=\frac{n\varphi\sigma_{cpt}+E_p\delta_n}{1+n\dfrac{\sigma_{cpt}}{\sigma_{pt}}\left(1+\dfrac{\varphi}{2}\right)}$$

$$=\frac{5.56\times2\times4.6+2.0\times10^5\times1.5\times10^{-4}}{1+5.56\times4.6\times(1+2/2)/968.42}$$

$$=77.08\text{MPa} \tag{5.19}$$

式中：n——预应力钢筋的弹性模量与管桩混凝土的弹性模量之比，取 5.56；

$\quad\quad\varphi$——混凝土的徐变系数，取 2.0；

$\quad\quad\delta_n$——混凝土的收缩率，取 1.5×10^{-4}。

预应力钢筋因松弛引起的拉应力损失 $\Delta\sigma_r$：

$$\Delta\sigma_r=r_0(\sigma_{pt}-2\Delta\sigma_{p\varphi})=2.5\%\times(968.42-2\times77.08)=20.34\text{MPa} \tag{5.20}$$

式中：r_0——预应力钢筋的松弛系数，取 2.5%。

预应力钢筋的有效拉应力 σ_{pe}：

$$\sigma_{pe}=\sigma_{pt}-\Delta\sigma_{p\varphi}-\Delta\sigma_r=968.42-77.08-20.34=871\text{MPa} \tag{5.21}$$

管桩混凝土的有效预压应力 σ_{ce}：

$$\sigma_{ce}=\frac{\sigma_{pe}A_p}{A_c}=\frac{871\times640}{134706}=4.13\text{MPa} \tag{5.22}$$

则管桩抗剪强度为：

$$Q=\frac{2tI}{s_0}\cdot\tau+1.25f_{yk}A_{SS0}h_0$$

$$=\frac{2tI}{s_0}\cdot\frac{1}{2}\sqrt{(\sigma_{ce}+2\varphi f_{tk})^2-\sigma_{ce}^2}+1.25f_{yk}A_{SS0}1.6r$$

$$=\frac{2\times110\times\dfrac{\pi}{4}(250^4-140^4)}{\dfrac{2}{3}\times(250^3-140^3)}\times\frac{1}{2}\sqrt{(4.13+2\times0.7\times2.85)^2-4.13^2}$$

$$+1.25\times335\times2\times\frac{3.14\times5^2/4}{50}\times1.6\times250$$

$$=247.6+131.5=379.1\text{kN} \tag{5.23}$$

管桩自重 G 为：

$$G=2.85\times3.14\times(0.25^2-0.14^2)\times25=9.6\text{kN} \tag{5.24}$$

$$P=\frac{QL-GL/2}{L_1}=\frac{379.1\times2-9.6\times2/2}{1.465}=511.0\text{kN} \tag{5.25}$$

（2）2 号试件

2 号试件受力简图如图 5.10 所示。

预应力钢筋的初始抗拉应力 σ_{con}：

$$\sigma_{con}=0.7f_{spk}=0.7\times1420=994\text{MPa} \tag{5.26}$$

预应力放张后预应力钢筋的拉应力 σ_{pt}：

$$\sigma_{pt}=\frac{\sigma_{con}}{1+n'\dfrac{A_p}{A_c}}=\frac{994}{1+5.56\times640/132488}=968.00\text{MPa} \tag{5.27}$$

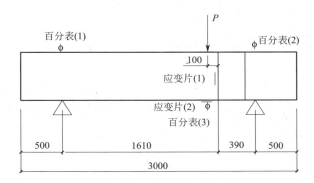

图 5.10 2 号试件受力简图及应变片、百分表设置

式中：A_p——预应力钢筋总面积，$A_p = 10 \times 64 = 640 \mathrm{mm}^2$；

A_c——管桩混凝土面积，$A_c = (250^2 - 142.5^2) \times 3.14 = 132488 \mathrm{mm}^2$；

n'——预应力钢筋弹性模量与放张时混凝土弹性模量之比，$n' = \dfrac{E_p}{E_c} = 5.56$；

E_p——预应力钢筋的弹性模量，$2.0 \times 10^5 \mathrm{N/mm}^2$；

E_c——放张时混凝土弹性模量，$3.6 \times 10^4 \mathrm{N/mm}^2$。

放张后混凝土预压应力 σ_{cpt}：

$$\sigma_{cpt} = \frac{\sigma_{pt} \cdot A_p}{A_c} = \frac{968.0 \times 640}{132488} = 4.68 \mathrm{MPa} \tag{5.28}$$

混凝土的徐变及混凝土的收缩引起的预应力钢筋拉应力损失 $\Delta\sigma_{cp\varphi}$：

$$\Delta\sigma_{p\varphi} = \frac{n\varphi\sigma_{cpt} + E_p\delta_n}{1 + n\dfrac{\sigma_{cpt}}{\sigma_{pt}}\left(1 + \dfrac{\varphi}{2}\right)}$$

$$= \frac{5.56 \times 2 \times 4.68 + 2.0 \times 10^5 \times 1.5 \times 10^{-4}}{1 + 5.56 \times 4.68 \times (1 + 2/2)/968.0}$$

$$= 77.86 \mathrm{MPa} \tag{5.29}$$

式中：n——预应力钢筋的弹性模量与管桩混凝土的弹性模量之比，取 5.56；

φ——混凝土的徐变系数，取 2.0；

δ_n——混凝土的收缩率，取 1.5×10^{-4}。

预应力钢筋因松弛引起的拉应力损失 $\Delta\sigma_r$：

$$\Delta\sigma_r = r_0(\sigma_{pt} - 2\Delta\sigma_{p\varphi}) = 2.5\% \times (968.0 - 2 \times 77.86) = 20.31 \mathrm{MPa} \tag{5.30}$$

式中：r_0——预应力钢筋的松弛系数，取 2.5%。

预应力钢筋的有效拉应力 σ_{pe}：

$$\sigma_{pe} = \sigma_{pt} - \Delta\sigma_{p\varphi} - \Delta\sigma_r = 968.0 - 77.86 - 20.31 = 869.83 \mathrm{MPa} \tag{5.31}$$

管桩混凝土的有效预压应力 σ_{ce}：

$$\sigma_{ce} = \frac{\sigma_{pe}A_p}{A_c} = \frac{869.83 \times 640}{132488} = 4.20 \mathrm{MPa} \tag{5.32}$$

则管桩抗剪强度为：

$$Q = \frac{2tI}{s_0} \cdot \tau + 1.25 f_{yk} A_{SS0} h_0$$

$$= \frac{2tI}{s_0} \cdot \frac{1}{2}\sqrt{(\sigma_{ce} + 2\varphi f_{tk})^2 - \sigma_{ce}^2} + 1.25 f_{yk} A_{SS0} 1.6r$$

$$= \frac{2 \times 110 \times \frac{\pi}{4}(250^4 - 142.5^4)}{\frac{2}{3} \times (250^3 - 142.5^3)} \times \frac{1}{2}\sqrt{(4.2 + 2 \times 0.7 \times 2.85)^2 - 4.2^2}$$

$$+ 1.25 \times 335 \times 2 \times \frac{3.14 \times 5^2/4}{50} \times 1.6 \times 250$$

$$= 244.2 + 131.5 = 375.7 \text{kN} \tag{5.33}$$

管桩自重 G 为：

$$G = 2.85 \times 3.14 \times (0.25^2 - 0.1425^2) \times 25 = 9.4 \text{kN} \tag{5.34}$$

$$P = \frac{QL - GL/2}{L_1} = \frac{375.7 \times 2 - 9.4 \times 2/2}{1.510} = 491.4 \text{kN} \tag{5.35}$$

（3）3号试件

3号试件受力简图如图3.11所示。

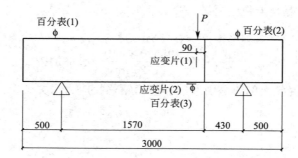

图5.11 3号试件受力简图及应变片、百分表设置

预应力钢筋的初始抗拉应力 σ_{con}：

$$\sigma_{con} = 0.7 f_{spk} = 0.7 \times 1420 = 994 \text{MPa} \tag{5.36}$$

预应力放张后预应力钢筋的拉应力 σ_{pt}：

$$\sigma_{pt} = \frac{\sigma_{con}}{1 + n'\frac{A_p}{A_c}} = \frac{994}{1 + 5.56 \times 640/139024} = 969.19 \text{MPa} \tag{5.37}$$

式中：A_p——预应力钢筋总面积，$A_p = 10 \times 64 = 640 \text{mm}^2$；

A_c——管桩混凝土面积，$A_c = (250^2 - 135^2) \times 3.14 = 139024 \text{mm}^2$；

n'——预应力钢筋弹性模量与放张时混凝土弹性模量之比，$n' = \frac{E_p}{E_c} = 5.48$；

E_p——预应力钢筋的弹性模量，$2.0 \times 10^5 \text{N/mm}^2$；

E_c——放张时混凝土弹性模量，$3.65 \times 10^4 \text{N/mm}^2$。

放张后混凝土预压应力 σ_{cpt}：

$$\sigma_{cpt} = \frac{\sigma_{pt} \cdot A_p}{A_c} = \frac{969.19 \times 640}{139024} = 4.46\text{MPa} \tag{5.38}$$

混凝土的徐变及混凝土的收缩引起的预应力钢筋拉应力损失 $\Delta\sigma_{cp\varphi}$：

$$\Delta\sigma_{p\varphi} = \frac{n\varphi\sigma_{cpt} + E_p\delta_n}{1 + n\dfrac{\sigma_{cpt}}{\sigma_{pt}}\left(1 + \dfrac{\varphi}{2}\right)}$$

$$= \frac{5.48 \times 2 \times 4.46 + 2.0 \times 10^5 \times 1.5 \times 10^{-4}}{1 + 5.48 \times 4.46 \times (1 + 2/1)/969.19} = 75.09\text{MPa} \tag{5.39}$$

式中：n——预应力钢筋的弹性模量与管桩混凝土的弹性模量之比，取 5.48；

φ——混凝土的徐变系数，取 2.0；

δ_n——混凝土的收缩率，取 1.5×10^{-4}。

预应力钢筋因松弛引起的拉应力损失 $\Delta\sigma_r$：

$$\Delta\sigma_r = r_0(\sigma_{pt} - 2\Delta\sigma_{p\varphi}) = 2.5\% \times (969.19 - 2 \times 75.09) = 20.47\text{MPa} \tag{5.40}$$

式中：r_0——预应力钢筋的松弛系数，取 2.5%。

预应力钢筋的有效拉应力 σ_{pe}：

$$\sigma_{pe} = \sigma_{pt} - \Delta\sigma_{p\varphi} - \Delta\sigma_r = 969.19 - 75.72 - 20.47 = 873.00\text{MPa} \tag{5.41}$$

管桩混凝土的有效预压应力 σ_{ce}：

$$\sigma_{ce} = \frac{\sigma_{pe}A_p}{A_c} = \frac{873.00 \times 640}{139024} = 4.02\text{MPa} \tag{5.42}$$

则管桩抗剪强度为：

$$Q = \frac{2tI}{s_0} \cdot \tau + 1.25f_{yk}A_{SS0}h_0$$

$$= \frac{2tI}{s_0} \cdot \frac{1}{2}\sqrt{(\sigma_{ce} + 2\varphi f_{tk})^2 - \sigma_{ce}^2} + 1.25f_{yk}A_{SS0}1.6r$$

$$= \frac{2 \times 110 \times \dfrac{\pi}{4}(250^4 - 135^4)}{\dfrac{2}{3} \times (250^3 - 135^3)} \times \frac{1}{2}\sqrt{(4.02 + 2 \times 0.7 \times 2.93)^2 - 4.02^2}$$

$$+ 1.25 \times 335 \times 2 \times \frac{3.14 \times 5^2/4}{50} \times 1.6 \times 250$$

$$= 259.4 + 131.5 = 390.9\text{kN} \tag{5.43}$$

管桩自重 G 为：

$$G = 2.85 \times 3.14 \times (0.25^2 - 0.135^2) \times 25 = 9.9\text{kN} \tag{5.44}$$

$$P = \frac{QL - GL/2}{L_1} = \frac{390.9 \times 2 - 9.9 \times 2/2}{1.48} = 521.6\text{kN} \tag{5.45}$$

（4）4 号试件

4 号试件受力简图如图 5.12 所示。

预应力钢筋的初始抗拉应力 σ_{con}：

$$\sigma_{con} = 0.7f_{spk} = 0.7 \times 1420 = 994\text{MPa} \tag{5.46}$$

123

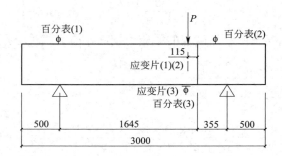

图 5.12　4 号试件受力简图及应变片、百分表设置

预应力放张后预应力钢筋的拉应力 σ_{pt}：

$$\sigma_{pt}=\frac{\sigma_{con}}{1+n'\dfrac{A_p}{A_c}}=\frac{994}{1+5.48\times640/158256}=972.14\text{MPa} \tag{5.47}$$

式中　A_p——预应力钢筋总面积，$A_p=10\times64=640\text{mm}^2$；

　　　A_c——管桩混凝土面积，$A_c=(250^2-110^2)\times3.14=158256\text{mm}^2$；

　　　n'——预应力钢筋弹性模量与放张时混凝土弹性模量之比，$n'=\dfrac{E_p}{E_c}=5.48$；

　　　E_p——预应力钢筋的弹性模量，$2.0\times10^5\text{N/mm}^2$；

　　　E_c——放张时混凝土弹性模量，$3.65\times10^4\text{N/mm}^2$。

放张后混凝土预压应力 σ_{cpt}：

$$\sigma_{cpt}=\frac{\sigma_{pt}\cdot A_p}{A_c}=\frac{972.14\times640}{158256}=3.93\text{MPa} \tag{5.48}$$

混凝土的徐变及混凝土的收缩引起的预应力钢筋拉应力损失 $\Delta\sigma_{cp\varphi}$：

$$\Delta\sigma_{p\varphi}=\frac{n\varphi\sigma_{cpt}+E_p\delta_n}{1+n\dfrac{\sigma_{cpt}}{\sigma_{pt}}\left(1+\dfrac{\varphi}{2}\right)}$$

$$=\frac{5.48\times2\times3.93+2.0\times10^5\times1.5\times10^{-4}}{1+5.48\times3.93\times(1+2/2)/972.14}=79.97\text{MPa} \tag{5.49}$$

式中　n——预应力钢筋的弹性模量与管桩混凝土的弹性模量之比，取 5.48；

　　　φ——混凝土的徐变系数，取 2.0；

　　　δ_n——混凝土的收缩率，取 1.5×10^{-4}。

预应力钢筋因松弛引起的拉应力损失 $\Delta\sigma_r$：

$$\Delta\sigma_r=r_0(\sigma_{pt}-2\Delta\sigma_{p\varphi})=2.5\%\times(972.14-2\times69.97)=20.80\text{MPa} \tag{5.50}$$

式中：r_0——预应力钢筋的松弛系数，取 2.5%。

预应力钢筋的有效拉应力 σ_{pe}：

$$\sigma_{pe}=\sigma_{pt}-\Delta\sigma_{p\varphi}-\Delta\sigma_r=972.14-70.53-20.80=880.81\text{MPa} \tag{5.51}$$

管桩混凝土的有效预压应力 σ_{ce}：

$$\sigma_{ce}=\frac{\sigma_{pe}A_p}{A_c}=\frac{880.81\times640}{158256}=3.56\text{MPa} \tag{5.52}$$

则管桩抗剪强度为：

$$
\begin{aligned}
Q&=\frac{2tI}{s_0}\cdot\tau+1.25f_{yk}A_{SS0}h_0\\
&=\frac{2tI}{s_0}\cdot\frac{1}{2}\sqrt{(\sigma_{ce}+2\varphi f_{tk})^2-\sigma_{ce}^2}+1.25f_{yk}A_{SS0}1.6r\\
&=\frac{2\times110\times\frac{\pi}{4}(250^4-110^4)}{\frac{2}{3}\times(250^3-110^3)}\times\frac{1}{2}\sqrt{(3.56+2\times0.7\times2.93)^2-3.56^2}\\
&\quad+1.25\times335\times2\times\frac{3.14\times5^2/4}{50}\times1.6\times250\\
&=425.6\text{kN}
\end{aligned}
\tag{5.53}
$$

管桩自重 G 为：

$$G=2.91\times3.14\times(0.25^2-0.11^2)\times25=11.5\text{kN} \tag{5.54}$$

$$P=\frac{QL-GL/2}{L_1}=\frac{425.6\times2-11.5\times2/2}{1.53}=548.9\text{kN} \tag{5.55}$$

3）加载步骤

荷载分级加载，由于管桩经过锈蚀，试验前无法准确确定桩劣化后的标准承载力和破坏荷载，因此在试验中，开始加载为 40kN 每级，当裂缝较大时，荷载每级为 20kN，当加载困难、桩破坏明显时，每级荷载为 10kN。加载速度为每级 2～3min，每级荷载稳定时间 10min，待变形稳定应力重分布完成后读数，观察桩身结合处附近以及桩中部有无裂缝，接桩处有无变化等，直至时间破坏或所受荷载不能继续增大，试验加载装置见图 5.13。

(a) 试验装置   (b) 数据采集

图 5.13 试验加载装置图

3. 试验结果

（1）1 号试件

　　试验数据及试验过程描述如表 5.10 所示，加载过程中 1 号试件裂缝变化见图 5.14。

(a) 1号试件接桩处竖向裂缝(320kN)

(b) 1号试件接桩处竖向裂缝(360kN)

(c) 1号试件加载处裂缝(340kN)

(d) 1号试件加载处裂缝(360kN)

图 5.14　不同荷载下 1 号试件裂缝变化

1 号试件试验数据及试验过程描述　　　　　　　　　　　　　　　　　　表 5.10

荷载(kN)	应变1	应变2	百分表1	百分表2	百分表3	试验现象描述
0	17	46	2.23	7.85	9.86	
40	20	64	3	7.98	11.51	

荷载(kN)	应变1	应变2	百分表1	百分表2	百分表3	试验现象描述
80	23	83	4.12	8.11	12.57	
120	28	99	4.93	8.91	13.27	
160	35	114	5.66	9.85	13.84	桩出现开裂声音,锈蚀的套管开裂
200	42	121	6.43	10.76	14.65	接桩处出现细微裂纹
240	50	122	7.49	11.275	16.06	裂纹扩展,加载困难
260	53	123	7.9	11.54	16.5	
280	63	129	8.33	11.95	17.09	
300	69	128	9.09	12.49	18.06	裂缝进一步扩展,铁锈脱落
320	76	133	9.6	12.92	18.65	有开裂声音,在加载处桩身下部出现裂缝,裂缝扩展到中间
330	81	134	9.84	13.14	18.96	裂纹进一步扩展
340	77	132	10.1	13.38	19.3	
350	60	132	10.39	13.61	19.61	
355	60	132	10.71	13.69	19.7	
360						一声闷响,钢筋锚固端处端头断裂,桩破坏,桩头处出现2.5mm左右裂缝

（2）2号试件

试验数据及试验过程描述如表5.11所示,加载过程中2号试件裂缝变化见图5.15。

2号试件试验数据及试验过程描述　　　　　　表5.11

荷载(kN)	应变1	应变2	百分表1	百分表2	百分表3	试验现象描述
0	6	17	2.45	3.43	0.1	
40	13	40	3.23	3.42	2.97	
80	24	106	3.74	3.8	5.64	
120	36	113	4.18	4.11	6.16	
160	27	100	4.6	4.44	6.93	
200	6	89	5.05	4.78	7.79	接桩处出现细微斜裂缝,伴有开裂响声
240	62	196	5.74	5.25	8.93	斜裂缝向上扩展,裂缝变宽
250	46	201	5.89	5.38	9.42	
260	38	200	6.03	5.53	9.61	
265	32	194	6.13	5.61	9.74	
270	30	200	6.2	5.69	9.91	
275	21	197	6.27	5.75	10.08	
280						钢筋锚固端头部位断裂,出现一声闷响,桩失去承载力,桩头处出现1mm左右裂缝

(a) 2 号试件试验装置图

(b) 2 号试件接桩处斜裂缝(240kN)

(c) 2 号试件加载处斜裂缝(280kN)

(d) 2 号试件破坏时接桩处斜裂缝(280kN)

图 5.15　不同荷载下 2 号试件裂缝变化

（3）3 号试件

试验数据及试验过程描述如表 5.12 所示，加载过程中 3 号试件裂缝变化见图 5.16。

3 号试件试验数据及试验过程描述　　　　　　　　　　　　表 5.12

荷载(kN)	应变 1	应变 2	百分表 1	百分表 2	百分表 3	试验现象描述
0	−31	−112	2.03	2.25	2.54	
40	0	−66	3.44	2.13	3.25	
80	−20	−76	4.67	2.45	3.55	
120	0	−36	5.28	2.81	3.82	
160	7	−22	5.32	3.13	4.05	
200	0	−50	6.8	3.64	4.61	加载处出现细微斜裂纹
240	26	−33	7.67	4	5.14	
280	40	0	8.55	4.32	5.66	
300	43	0	9.11	4.52	5.96	接口处出现斜裂缝,并变宽,伴有响声
320	38	0	9.9	4.77	6.29	
340	51	−1	10.62	5.06	6.67	接口处斜裂缝进一步变宽

荷载(kN)	应变1	应变2	百分表1	百分表2	百分表3	试验现象描述
360	38	−6	11.28	5.37	7.14	
380	30	−7	11.7	5.67	7.56	加载处桩身两侧出现对称斜裂缝
400	0	0	12.73	5.95	7.96	
420	0	−3	13.18	6.12	8.19	
440	0	0	13.57	6.28	8.42	
450	0	9	14.1	6.44	8.66	
460	−1	0	14.34	6.53	8.8	
470						桩身剪坏,无法继续加载

(a) 3号试件桩身图

(b) 3号试件接桩处裂缝(300kN)

(c) 3号试件接桩处裂缝(380kN)

(d) 3号试件接桩处裂缝(440kN)

图5.16 不同荷载下3号试件裂缝变化

（4）4号试件

试验数据及试验过程描述如表5.13所示,加载过程中4号试件裂缝变化见图5.17。

4 号试件试验数据及试验过程描述　　　　　　　　表 5.13

荷载 (kN)	应变 1	应变 2	应变 3	百分表 1	百分表 2	百分表 3	试验现象描述
0	8	3	455	1.19	2.53	2.35	
40	11	6	563	1.34	2.38	2.82	
80	−2	−13	671	1.48	2.57	3.08	
120	6	−7	470	1.54	2.9	3.29	
160	9	−8	495	1.58	3.23	3.48	
200	−63	−77	590	1.62	3.52	3.65	
240	−23	−42	464	1.7	3.79	3.85	
280	−30	−43	108	1.83	4.15	4.13	加载部位桩身下部出现细微裂缝
300	−14	−38	28	2.19	4.42	4.37	
320	−19	−50	3	3.41	4.68	4.58	斜裂缝变大,伴有开裂响声
340	−14	−42	−55	3.58	4.93	4.77	
360	−23	−38	41	3.8	5.16	4.96	斜裂缝向上延伸,宽度变化很小
380	−30	−39	−83	4.06	5.41	5.18	
400	−48	−51	−108	4.36	5.67	5.44	
410	−43	−44	−121	4.58	5.8	5.58	
420	−42	−40	−181	4.88	5.98	5.78	
430	−41	−29	−155	5.09	6.1	5.92	加载部位斜裂缝裂纹变宽,桩身中部出现弯曲裂缝
440	−42	−2	29	5.5	6.32	6.2	
450	−59	−17	9	5.82	6.47	6.39	加载部位出现第二条较宽的斜裂缝,弯曲裂缝进一步扩大
460	−63	−27	55	6.15	6.63	6.61	各部位裂缝明显变宽,应变出现突变
470	−59	−28	−20	6.66	6.84	6.9	
480	−59	−28	−20	6.91	6.94	7.09	
485	27	27	−3	7.03	7.04	7.15	
490	−9	−9	−63	7.16	7.09	7.23	
495	0	−1	−44	7.39	7.2	7.38	
500	−13	−16	−43	7.55	7.29	7.5	桩受弯破坏,出现卸载

4. 试验结果分析

不同构件接头处抗剪破坏荷载与理论计算破坏荷载对比见表 5.14。

各桩破坏荷载与理论计算破坏荷载对比　　　　　　　表 5.14

试件编号	1 号	2 号	3 号	4 号
桩类型	先张法预应力混凝土管桩	先张法预应力混凝土管桩	预应力混凝土异型管桩	预应力混凝土异型管桩
理论破坏荷载	511	491	521	548
试验破坏荷载	360	280	470	500
试验值/理论值	0.70	0.57	0.90	0.91

(a) 4号试件试验装置图

(b) 4号试件接桩处端部斜裂缝(430kN)

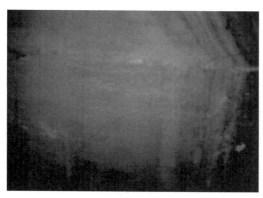
(c) 4号试件桩身中部斜裂缝(500kN)

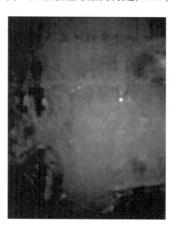
(d) 4号试件接桩处斜裂缝(500kN)

图 5.17 不同荷载下 4 号试件裂缝变化

由上述试验结果可以看出，先张法预应力混凝土管桩经过锈蚀反应后，接桩处抗剪强度降低较多分别达到 30％和 43％；根据试验现象，先张法预应力混凝土管桩接桩处剪切破坏是由于钢棒锚固部位锈蚀，截面削弱导致承载力下降，钢棒剪断。预应力混凝土异型管桩经过锈蚀试验后，接桩处抗剪承载力下降较小，破坏荷载约为理论计算荷载的 90％。

5.4 本章小结

本章对该预应力混凝土异型管桩与先张法预应力混凝土管桩耐久性进行对比试验，得出以下结论：

（1）在相同的腐蚀环境和腐蚀时间下，钢筋锈蚀引起的锈胀裂缝，会导致管桩的抗拉开裂荷载有明显的降低，先张法预应力混凝土管桩的抗拉承载力下降 30％～50％时，增强型预应力混凝土离心桩的抗拉承载力下降低于 6％；先张法预应力混凝土管桩的破坏形态会由桩身拉断破坏转变为端头连接接缝破坏，而预应力混凝土异型管桩的破坏形态仍表现为桩身拉断破坏。

（2）在相同的腐蚀环境和腐蚀时间下，先张法预应力混凝土管桩的抗剪承载力下降 30%～43%时，预应力混凝土异型管桩接头处抗剪承载力仅下降 9%～10%；先张法预应力混凝土管桩的破坏形态转变为端头连接端剪切破坏，而预应力混凝土异型管桩的破坏形态仍表现为桩身剪切破坏。

（3）与传统的电焊接桩相比，预应力混凝土异型管桩端部连接处连接件的构造可以抵御外界环境的侵蚀作用。预应力混凝土异型管桩比先张法预应力混凝土管桩具有更好的耐久性。

第6章 机械连接预应力混凝土异型桩施工工艺

预制桩沉桩方式多种多样，包括锤击桩、振动沉桩、静力压桩、射水沉桩、钻孔埋桩等。为了适应机械连接、取消端板等构造特点，机械连接预应力混凝土异型桩施工工艺与传统沉桩工艺有所区别，进行了相应的技术改进，主要体现在接桩技术、锤击施工、抱压施工、桩与承台连接等方面。机械连接预应力混凝土异型桩智慧植桩工法采用深层搅拌桩机成孔注浆搅拌后植桩工艺，桩材由工厂生产，质量可靠，植桩设备成熟、易于操作，在技术上相对比较先进、完善，实用性强，具有明显的经济效益和社会效益。本章主要介绍了预应力混凝土异型桩的施工工艺、机械连接预应力混凝土异型桩智慧植桩工法的施工方法及施工质量控制，为工程实际提供参考。

6.1 机械连接预应力混凝土异型桩施工工艺

6.1.1 吊装、运输和堆放

1. 吊装、运输

异型桩吊运应符合现行行业标准《建筑桩基技术规范》JGJ 94，吊装过程中采用两支点法，两支点法的两吊点位置距离桩端宜为 0.21L，吊索与桩段水平夹角不得小于 45°，大直径长桩吊装应增加支点，运输过程中的支承点应对称放置（图 6.1），且应绑扎牢固；采用加托盘的吊装方法时，吊点位置可不作要求。

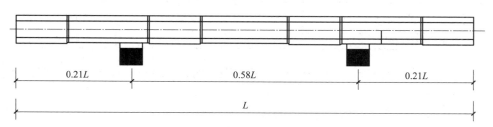

图 6.1 两支点法位置

注：L 为异型桩长度。

2. 堆放

异型桩现场堆放和取桩除应符合现行行业标准《建筑桩基技术规范》JGJ 94 外，尚应符合下列规定：

1）异型桩堆放场地应有排水措施；

2）异型桩应按不同规格、长度和施工流程分类堆放，严禁混堆；

3）场地许可时宜单层堆放，需叠层堆放时，底层最外缘异型桩的垫木处用木楔塞紧；

4）异型桩堆放层数应符合表 6.1 的规定；

异型桩堆放层数　　　　　表 6.1

最大外径边长(mm)	<350	400~450	500~550	600~650	700~900	>900
堆放层数	≤8	≤7	≤6	≤5	≤4	≤3

5) 取桩时应保证桩的完整性，不得磕撞，严禁滚桩。

6.1.2　桩节点拼接

上、下节桩拼接成整桩时，采用机械连接方式，机械连接接头构造如图 6.2 所示。桩连接接头必须确保锤击回弹时无缝隙。

1) 接桩时，桩身入土部分桩头宜高出地面 0.8~1.2m。吊装到位时方可安装插杆，严禁到位前安装。

2) 桩拼接时，严禁用撬杠扳动插杆进行对正连接孔，如发现插杆已被扳动应更换插杆。

3) 安装插杆后应用专业把手拧紧，并用专用卡板检查插杆的安装高度，保证安装尺寸在允许误差内。

4) 螺锁式连接接桩、卡扣的安装顺序应符合下列规定：

(1) 检查桩两端制作的尺寸偏差及连接卡扣件，无受损后方可起吊施工。

(2) 卸下上、下节桩两端的保护装置并清理接头残物。

(3) 将插杆有螺纹端涂上密封材料（由环氧树脂、环氧树脂固化剂按照合适的比例组成），然后将其安装在上节桩张拉端的小螺帽上；在下节桩的固定端大螺帽里安装弹簧、垫片、锁片及中间螺帽。用专用检测工具检测大小螺母、中间螺母端面距桩端面深度与插杆球端距桩端面深度，其允许偏差应符合表 6.2 的规定。

上、下桩之间连接安装允许偏差　　　　　表 6.2

项目		深度(mm)	允许偏差(mm)	测点数
连接大小螺母	大螺母	4.0	±0.3	按连接大小螺母数量
距桩端面深度	小螺母	3.0		
中间螺母端面距桩端面深度		0.5	±0.5	按中间螺母数量

(4) 在下节桩端面安放足够的密封材料，操作时间在 2min 以内，初凝时间不超过 6h，终凝时间不超过 12h。

(5) 在专人指挥下，将插杆与中间螺母的轴线移到同一条直线上，缓缓插入，严禁碰撞。插接后，密封材料宜溢出接口，接口应无缝隙。

5) 拼接后的上节桩压入地下 3m 后方可拆卸起吊钢绳。

6) 当温度低于 10℃，环氧树脂、固化剂不能拌合时，可加热处理，但加热温度应加以控制，宜在 20~30℃。

7) 一般不宜截桩。截桩时，应采用有效措施确保截桩后机械连接预应力混凝土异型桩的质量。截桩时，宜采用锯桩器，严禁采用大锤横向敲击截桩、强行扳拉截桩或液压夹具强制夹破。钢棒保护层厚度范围内的混凝土宜用小电动锤凿除，严禁锯齿碰到钢棒。

8) 抗拔接头的连接过程应保留照片或影像资料，作为桩基验收资料。

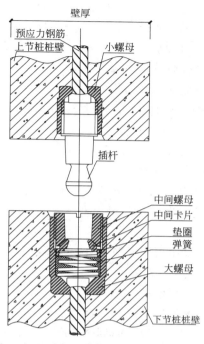

图 6.2 机械连接接头构造示意图

6.1.3 施工方法

1. 静压法

静力压桩法是通过静力压桩机以压桩机自重及桩架上的配重作反力将预制桩压入土中的一种沉桩工艺，适用于高压缩性黏土层或砂性较轻的软黏土中。20 世纪 50 年代初，我国开始采用静力压桩法。90 年代，压桩机最大压桩力达 6800kN，我国静压桩数量占全世界一半以上。其原理是在沉桩过程中，桩尖直接使土体产生冲切破坏，桩周孔隙水受此冲切挤压作用形成不均匀水头，产生超孔隙水压力，扰动了土体结构，使桩周约一倍桩径范围内的一部分土体抗剪强度降低，发生严重软化（黏性土）或稠化（粉土、砂土），出现土体重塑现象，从而可容易地连续将静压桩送入很深的地基土层中。特别注意的是，静压沉桩不宜中途停顿，必须接桩停留时，宜考虑浅层接桩，还应尽量避开在土质好的土层深度处停留接桩。压桩过程中如发生停顿，一部分孔隙水压力会消失，桩周土会发生径向固结现象，使土体密实度增加，桩周的侧壁摩阻力也增长，尤其是受扰动而重塑的桩端土体强度得到恢复，致使桩端阻力增长较大，停顿时间越长扰动土体强度恢复增长越多。静力压桩机的最大压桩力，应小于桩机的自重和配重之和的 0.9 倍。静压法沉桩时，最大施压力应满足：

（1）顶压式沉桩最大施压力应满足下列公式要求：

混凝土等级不大于 C65 的异型桩：

$$P'_{\max} \leqslant 0.55(f_{\mathrm{cu,k}} - \sigma_{\mathrm{pc}})A_{\mathrm{m}} \tag{6.1}$$

混凝土等级为 C80 的异型桩：

$$P'_{\max} \leqslant 0.5(f_{cu,k} - \sigma_{pc})A_m \tag{6.2}$$

式中：$P'_{\max}$——顶压式桩机送桩时的最大施压力（kN）；

$f_{cu,k}$——边长为150mm的桩身混凝土立方体抗压强度标准值（kPa）；

σ_{pc}——桩身截面混凝土有效预压应力（kPa）；

A_m——桩身最小截面处横截面面积（m²）。

（2）抱压式沉桩桩身最大抱压力应满足下列公式要求：

混凝土强度等级不大于C65的异型桩：

$$P''_{\max} \leqslant 0.5(f_{cu,k} - \sigma_{pc})A_m \tag{6.3}$$

混凝土强度等级为C80的异型桩：

$$P''_{\max} \leqslant 0.45(f_{cu,k} - \sigma_{pc})A_m \tag{6.4}$$

式中：$P''_{\max}$——抱压式桩机送桩时的桩身最大抱压力（kN）。

1）施工设备

（1）打桩机：目前施工多采用顶压式静压机，静压桩机型号选择如表6.3所示；

（2）吊装机械：配备50t汽车吊车；

（3）测量设备：经纬仪、水平仪；

（4）其他工具：大扳手、建筑树脂耐腐蚀材料。

静压桩机型号选择 表6.3

压桩机型号（吨位） 项目	160～180	240～280	300～380	400～460	500～600	800～1000
最大压桩力（kN）	1600～1800	2400～2800	3000～3800	4000～4600	5000～6000	8000～10000
估算的最大压桩阻力（kN）	1300～1500	2000～2200	2400～3000	3200～3700	4000～4800	6400～8000
适用异型管桩桩径（mm）	300～400	300～500	400～500	400～550	500～600	500～800
适用异型方桩边长（mm）	250～350	300～450	350～450	400～500	450～500	500～600
桩端持力层	中密砂层、硬塑～坚硬黏土层、残积土层	中密～密实砂层、坚硬黏土层、全风化岩层	密实砂层、坚硬黏土层、全风化岩层	密实砂层、坚硬黏土层、全风化岩层	密实砂层、坚硬黏土层、全风化岩层、强风化岩层	密实砂层、坚硬黏土层、全风化岩层、强风化岩层
桩端持力层标贯击数 N（击）	20～25	20～35	30～40	30～50	30～55	35～60
桩端持力层单桥静力触探比贯入阻力 p_s 值（MPa）	6～8	6～12	10～13	10～16	10～18	12～20
桩端可进入中密～密实砂层厚度（m）	约1.5	1.5～2.5	2～3	2～4	3～5	4～6

2）施工顺序

其施工流程如图6.3所示。

图6.3 静压法施工流程

（1）定位放样

工程桩施工前应放出定位轴线及控制点，并报监理公司核准后作为定位基准线，控制点位置应引至远离压桩区域，并加以固定保护。在压桩过程中，要经常对控制点进行复核，根据控制点，成片测量出桩的中心点，撒上灰线探桩，清除障碍物后再成片测量出桩的中心点，定位中心点插 $\phi10$ 钢筋，钢筋要插牢并与地面平或稍低。

（2）桩机就位

首先将桩机顶压器提升到适当高度，然后将桩从地上提空，桩机缓缓回转到位，再提升桩机到预定高度（约等于一个单节桩长），然后启动上下吊钩使桩水平提升到约 $1/2L$ 高度时，停止下吊钩，上吊钩继续上升，下吊钩缓缓下降立直，待桩稳定后，即可脱去下吊钩，将桩顶套入桩帽内固定，垂直对准桩中心，缓缓放下，插入土中深度大于 50cm 时，用经纬仪交叉校正桩立面，校正桩机和桩身垂直度后，方可正常施打沉桩。

（3）压桩

下节桩插入前，应校正桩位，确认无误后开始压桩，桩端入土约 50cm，校正桩架及桩的垂直度，桩的垂直度用两台正交架设的经纬仪校正，保证偏差≤$1/200L$ 以内，上节桩接桩前，重新校正插杆和桩的垂直度，以保证桩平面位置偏差符合国家验收规范要求。

（4）接桩

在接桩过程中，必须将连接件安装到位，中间套与插杆必须拧到位，中间套、连接套必须低于桩端面 3mm，插杆凸台应与桩端面相平，卡套在中间套下必须有适当的活动空间，不宜太紧或太松，能活动即可；下节桩的插接螺帽要同时涂上建筑树脂耐腐蚀材料，以防地下水对插接件腐蚀破坏；上下接桩时必须有人指挥，保证插杆与下桩连接套口在同一条直线上，轻轻插入，不得碰撞。在接桩过程中，两台经纬仪架在离打桩机 15m 外成正交方向进行垂直度观察和校正，使桩身的垂直度偏差不得大于 0.1%。

（5）再压桩

（6）送桩

考虑到松压时桩身的回弹及挤土效应引起的桩上浮等原因，在桩顶标高到设计标高时，再继续下送 3～5cm；顶压式桩机桩帽或送桩器与桩之间应加设弹性衬垫；抱压式桩机夹持机构中夹具应避开桩身纵向肋位置，夹具面必须与桩身外表面形状体征相一致，严禁夹具面因夹带螺钉铁件等原因造成夹具面不平整。

（7）终止压桩

2. 锤击法

锤击法沉桩是通过桩锤撞击桩头将桩打入地下土层中，使上部结构的荷载穿过软弱土层传递到更坚硬的土层或基岩上的沉桩方法，适用于松散、中密砂土、软塑和可塑的黏性土。锤击法沉桩时，应符合现行行业标准《建筑桩基技术规范》JGJ 94 的规定。

1）施工设备

打桩设备主要是桩锤、桩架、起重设备和动力设备等。施工桩锤使用柴油锤等，柴油锤重选择如表 6.4 所示；桩架是支持桩身和桩锤，沉桩过程中引导桩的方向，并使桩锤能沿着要求的方向冲击的打桩设备；动力设备包括驱动桩锤用的动力设施，如卷扬机、锅炉、空气压缩机和管道、绳索和滑轮等。

柴油锤重选择　　　　　　　　　　　表 6.4

柴油锤型号	30～36 号	40～50 号	60～62 号	72 号	80 号	100 号
冲击体质量 (t)	3.2 3.5 3.6	4.0 4.5 4.6 5.0	6.0 6.2	7.2	8.0	10.0
锤体总质量(t)	7.2～8.2	9.2～11.0	12.5～15.0	18.4	17.4～20.5	20.0
常用冲程(m)	1.6～3.2	1.8～3.2	1.9～3.6	1.8～2.5	2.0～3.4	2.0～3.4
适用异型管桩最大外径	$\phi400$	$\phi400$ $\phi500$	$\phi500$ $\phi550$ $\phi600$	$\phi550$ $\phi600$	$\phi600$ $\phi800$	$>\phi600$
单桩竖向承载力特征值适用范围(kN)	500～1500	800～1800	1600～2600	1800～3000	2000～3500	>3700
桩尖可进入的岩土层	密实砂层 坚硬土层 强风化岩	强风化岩 ($N>50$)	强风化岩 ($N>50$)	强风化岩 ($N>50$)	强风化岩 ($N>50$)	强风化岩 ($N>50$)
常用收锤贯入度(mm/10 击)	20～40	20～40	20～50	30～60	30～60	70～120
液压锤规格(t)	7	7～9	9～11	9～13	11～13	13-

2）施工顺序

其施工顺序如图 6.4 所示。

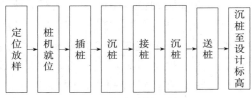

图 6.4　锤击法施工流程

（1）定位放样

工程桩施工前应放出定位轴线及控制点，控制点位置应引至远离压桩区域，并加以固定保护，且桩机定位后应复测桩位是否正确。

（2）桩基就位

首先将桩机顶压器提升到适当高度，然后将桩从地上提空，桩机缓缓回转到位，再提升桩机到预定高度（约等于一个单节桩长），然后启动上下吊钩使桩水平提升到约 $1/2L$ 高度时，停止下吊钩，上吊钩继续上升，下吊钩缓缓下降立直，待桩稳定后，即可脱去下吊钩，将桩顶套入桩帽内固定，垂直对准桩位中心，缓缓放下，插入土中，深度大于 50cm 时，用经纬仪交叉校正桩立面，校正桩机和桩身垂直度后，方可正常施打沉桩。

（3）插桩

桩机就位后，桩插入前，应校正桩位，确认无误后开始插桩，将桩机吊具捆绑于桩上端约 1/4 处，起吊第一节桩，桩尖垂直对准桩位中心，桩端入土约 50cm，校正桩架及桩的垂直度，桩的垂直度用两台正交架设的经纬仪校正，保证偏差≤1/200L，上节桩接桩前，重新校正插杆和桩的垂直度，以保证桩平面位置偏差符合国家验收规范要求。

（4）沉桩

沉桩前，检查桩锤、桩帽与桩身的中心线，在纵横两个方向应在同一轴线上；检查桩位和直桩垂直度或斜桩倾斜角应符合规定。锤击沉桩开始时应用较低落距，并在纵横两方向观察、控制桩位和桩的垂直度或倾斜度，待桩入土一定深度并确认位置正确和方向无误后，再按规定落距进行锤击。坠锤落距不宜大于2m，单打汽锤落距不宜大于1m，柴油锤应使锤芯冲程正常。在桩的沉入过程中，应观察桩锤、桩帽和桩身是否保持在同一轴线上。锤击沉桩应连续进行，不应中途停顿。沉桩时宜"重锤轻击"，锤重、落距低可以延长锤击接触时间，从而降低锤的冲击应力，避免损坏桩头，重锤比轻锤的冲击效率高。混凝土强度等级不大于C65的异型桩不宜超过2000击，最后1m的锤击数不宜超过200击；混凝土强度等级为C80的异型桩不宜超过2500击，最后1m的锤击数不宜超过250击；沉桩过程随时注意桩的位移或倾斜，若有不正常应及时纠正。

（5）接桩

在接桩过程中，必须将连接件安装到位，中间套与插杆必须拧到位，中间套、连接套必须低于桩端面3mm，插杆凸台应与桩端面相平，卡套在中间套下必须有适当的活动空间，不宜太紧或太松，能活动即可；下节桩的插接螺帽要同时涂上建筑树脂耐腐蚀材料，以防地下水对插接件腐蚀破坏；上下接桩时必须有人指挥，保证插杆与下桩连接套口在同一条直线上，轻轻插入，不得碰撞。在接桩过程中，两台经纬仪架在离打桩机15m外成正交方向进行垂直度观察和校正，使桩身的垂直度偏差不得大于0.1%。

（6）沉桩

（7）送桩

用送桩打桩时，待桩打至自然地面上0.5m左右，截除桩头损坏部分并保持桩顶平整，才能把送桩套在桩顶上，同时安装上保护桩顶的装置。用桩锤击打送桩顶部时，应保持桩与送桩的纵轴线在同一直线上。

3. 取土引孔法

取土引孔法就是采用螺旋钻机预先钻孔后，再在预先钻好的孔位上施打或静压管桩，使管桩达到设计要求的深度。采用取土引孔法可明显改善挤土效应，有利于减小对周围环境的影响。预钻孔直径一般取桩径的70%左右，深度视桩距和土的密实度、渗透性而定。

1）施工设备

长杆螺旋钻机、静力压桩机。

2）施工顺序

其施工顺序如图6.5所示。

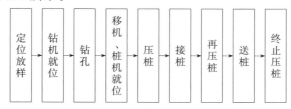

图6.5 取土引孔法施工流程

（1）定位放样

工程桩施工前应放出定位轴线及控制点，控制点位置应引至远离压桩区域，并加以固定保护，且桩机定位后应复测桩位是否正确。

（2）钻机就位

装钻机时，要求机位平整，支垫平衡，杜绝偏位与沉降，垂直偏差不宜大于0.3%。

（3）钻孔

钻机就位后，根据桩位控制网校对桩位及校核作业面标高，依据校核标高数据调整钻杆钻入深度，控制好桩长。应采取防塌孔措施，钻孔直径不宜超过桩直径的 2/3，深度不宜超过桩长的 2/3。钻进过程中，一般不得反转或提升钻杆，当遇有黏泥层抱钻杆时，应将钻杆提升至地面对钻尖活门重新清理、调试和封口后再钻。

（4）移机、桩机就位

取土引孔后桩机应立即就位，进行管桩施打，间隔时间不宜过长。钻孔作业和沉桩作业应连续进行，间隔时间不宜大于 12h，软土地基不宜大于 6h。

引孔法后续施工步骤按静压法操作。

6.1.4 与承台连接技术

1. 抗压不截桩桩顶与承台连接

机械连接预应力混凝土异型桩与承台或基础梁连接采用机械连接方式。抗压不截桩桩顶与承台连接详图如图 6.6 所示。桩顶与承台或基础梁连接配筋如表 6.5 所示。

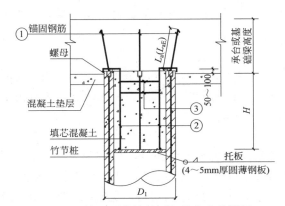

图 6.6 抗压不截桩桩顶与承台连接详图

桩顶与承台或基础梁连接配筋 　　　　　　　　　　　　　表 6.5

外径(mm)	配筋					
	①	②	③	④	⑤	⑥
400～370	4Φ16	4Φ10	Φ6@200	4Φ20	2Φ8	Φ6@200
500～460	6Φ16	4Φ10	Φ6@200	6Φ18	3Φ8	Φ8@200
600～560	6Φ18	4Φ10	Φ6@200	6Φ20	3Φ8	Φ8@200
700～650	8Φ18	6Φ10	Φ8@200	6Φ20	3Φ8	Φ8@200
800～700	8Φ18	6Φ10	Φ8@200	6Φ20	3Φ10	Φ8@150
900～800	10Φ20	6Φ10	Φ8@200	8Φ20	4Φ10	Φ8@150
1000～900	10Φ20	8Φ10	Φ8@150	8Φ20	4Φ10	Φ8@150
1200～1050	12Φ22	8Φ10	Φ8@150	10Φ20	5Φ10	Φ8@150

1）利用钢棒的机械连接方式的具体要求如下：

（1）①号筋和②号筋应沿管桩圆周均匀分布。①号筋螺纹长 20mm，螺母直径应根据上节桩螺母丝牙尺寸确定，采用管钳拧紧进行螺母连接，确保拧入深度不小于 18mm（钢筋直径小于螺母直径时，应把钢筋扩大直径后滚丝）。

（2）②号筋高出桩端面50mm后应弯折90°，弯折部分长度为100mm，并用托板焊牢。

（3）①号筋、②号筋、③号筋按钢筋表选用。

2）利用填芯钢筋的连接方式的具体要求如下：

（1）④号筋和⑤号筋应沿管桩圆周均匀分布，④号筋应与⑤号筋和托板焊牢，托板尺寸宜略小于竹节桩内径。

（2）④号筋、⑤号筋、⑥号筋按表6.5选用。

桩填芯混凝土应采用强度等级不低于C30的微膨胀混凝土，并与承台或基础梁一起浇筑。浇灌填芯混凝土前，应先将管桩内壁浆清理干净，宜采用内壁涂刷水泥净浆或混凝土界面剂等措施，以提高填芯混凝土与管桩桩身混凝土的整体性。竹节桩桩顶向下填芯混凝土的高度不应小于$5D_1$，且不应小于2.0m。锚固钢筋①、④锚入承台的锚固长度应符合《混凝土结构设计规范》GB 50010的规定，且不小于35倍锚固钢筋直径。

2. 抗压截桩桩顶与承台连接

抗压桩桩顶高于设计标高时均需截桩，截桩时应按施工要求执行，预应力钢棒不得截断，应确保预应力钢棒完好无损且表面洁净。抗压截桩桩顶与承台连接详图如图6.7所示。抗压桩截桩时利用钢筋的机械连接方式的具体要求如下：

1）当预应力钢棒长度不小于$50d$（d为预应力钢筋直径），满足锚固长度时，可将预应力钢棒调直后直接锚入承台；

2）当预应力钢棒长度小于$50d$，不满足锚固长度时，不得将预应力钢棒截断，按照3）要求，通过锚固螺母及专业卡片将锚固钢筋②与预留预应力钢棒连接，锚固钢筋②按表6.6和表6.7选用，沿桩周边均匀分布；

3）锚固钢筋①、锚固钢筋②与截桩桩顶以上预应力钢筋相接后的锚固长度应符合《混凝结构设计规范》GB 50010的规定。

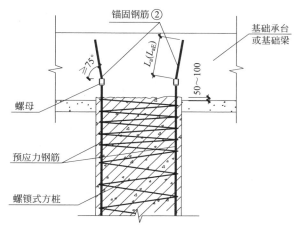

图6.7 抗压截桩桩顶与承台连接详图

普通桩（抗压）与承台或基础梁连接配筋表　　　　表6.6

桩型	配筋		桩型	配筋	
	①	②		①	②
250	4Φ16	4Φ16	500	16Φ20	16Φ20
300	8Φ16	8Φ16	550	16Φ20	16Φ20

续表

桩型	配筋		桩型	配筋	
	①	②		①	②
350	8Φ16	8Φ16	600	20Φ20	20Φ20
400	12Φ18	12Φ18	700	24Φ20	24Φ20
450	12Φ20	12Φ20	800	28Φ20	28Φ20

异型桩（抗压）与承台或基础梁连接配筋表　　　　表 6.7

桩型	配筋		桩型	配筋	
	①	②		①	②
250～220	4Φ16	4Φ16	550～450	12Φ20	12Φ20
300～270	4Φ16	4Φ16	600～470	12Φ20	12Φ20
350～300	8Φ16	8Φ16	650～500	16Φ20	16Φ20
400～350	8Φ16	8Φ16	750～530	16Φ20	16Φ20
450～370	12Φ18	12Φ18	850～600	20Φ20	20Φ20
500～400	12Φ18	12Φ18	1000～700	24Φ20	24Φ20

3. 抗拔桩不截桩桩顶与承台连接

抗拔桩不截桩桩顶与承台连接详图如图 6.8 所示。抗拔桩的填芯混凝土及插筋与承台连接方式参照抗压不截桩桩顶与承台连接规定施工；②、③、④号钢筋大小见表 6.5。①号筋的数量应根据竹节桩钢棒数量确定，钢筋连接螺纹一端滚丝尺寸必须与桩螺母的型号、规格相吻合，施工方法与抗压桩相同。桩顶向下填芯混凝土的高度 H 应根据相关规范计算确定，且不应小于 3.0m。

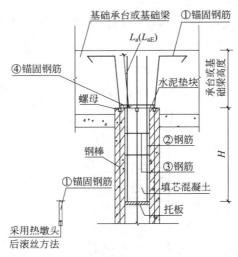

图 6.8　抗拔桩不截桩桩顶与承台连接详图

4. 抗拔桩截桩桩顶与承台连接

抗拔桩截桩桩顶与承台连接详图如图 6.9 所示。

抗拔桩截桩时利用钢棒的机械连接方式的具体要求如下：

1）截桩时按施工要求执行，确保钢棒完好无损。当预应力钢棒长度不小于 70d（d 为预应力钢棒直径）且能够满足锚固要求时，可以不设②号钢筋。

2）当预应力钢棒长度不能满足锚固要求时，可增设②号钢筋，并利用螺母将预应力

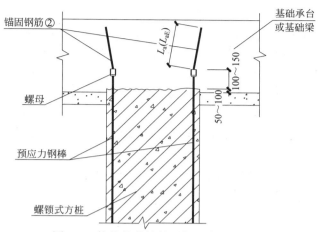

图 6.9 抗拔桩截桩桩顶与承台连接详图

钢棒与②号钢筋连接，连接应符合抗拔桩不截桩与承台连接的规定。

3）超送时，设计人员可根据超送深度决定选用接桩或加大承台深度的方式。

4）锚固钢筋①、锚固钢筋②与截桩桩顶以上预应力钢筋相接后的锚固长度应符合《混凝结构设计规范》GB 50010 的规定。

6.1.5 检测与检验

异型桩基础工程质量检测应包括施工前检测、施工过程检测和施工后检测。其中施工前质量检测内容应包括桩长、桩径、桩身质量和预应力钢筋质量等。施工过程检测内容应包括桩位定位、桩身垂直度、沉桩记录和周边环境监测等。施工后检测内容应包括检验桩顶平面位置的偏差、单桩承载力检验和桩身质量检验等。异型复合桩施工质量检验应符合现行行业标准《水泥土复合管桩基础技术规程》JGJ/T 330 的有关规定。

1. 施工前检测

1）异型桩进入施工现场后，应进行核查异型桩规格、型号和合格证、抽检异型桩尺寸偏差、外观质量、抽检异型桩结构钢筋、检查异型桩堆放和桩身破损等检测。

2）进场的异型桩的混凝土强度应达到设计强度，并应满足沉桩要求。

3）进场的异型桩的质量检验应分出厂检验和型式检验。检验条件、项目、抽样与判定规则等应符合国家现行标准《先张法预应力离心混凝土异型桩》GB 31039 和《预应力混凝土空心方桩》JG/T 197 的规定。

4）进场的异型桩应有产品合格证，桩身应有标记，标记内容应包括生产日期、异型桩类型、异型桩型号、外径或边长、内径、混凝土强度等级和单节长度等。

5）出厂检验的批量和抽样应符合下列规定：

（1）外观质量与尺寸偏差：以同品种、同规格、同型号的异型桩连续生产 100km 为一批，但在 3 个月内生产总数不足 100km 时仍应作为一批，随机抽取 10 根检验；

（2）抗裂性能：在外观质量和尺寸偏差检验合格的产品中随机抽取 2 根检验抗裂性能。

6）出厂检验时，混凝土强度检验评定应符合下列规定：

（1）检验混凝土龄期。

（2）混凝土质量检验试件留置，应符合下列规定：

① 当混凝土配合比调整或原材料发生变更时，应制作 3 组试件；

② 每拌制 1000 盘或一个工作班拌制的同配合比混凝土不足 1000 盘时，应制作 3 组试件，其中一组试件检验预应力钢筋放张时混凝土抗压强度，一组试件检验 28d 的混凝土抗压强度（采用压蒸养护工艺时，检验出釜后 1d 的混凝土抗压强度），另一组备用或检验异型桩出厂时的混凝土抗压强度。

（3）混凝土强度检验评定应符合现行国家标准《混凝土强度检验评定标准》GB/T 50107 的规定。

（4）端板处混凝土密实程度检测可采用敲击听声的方法。

7）异型桩外观质量应符合表 6.8 的规定。

异型桩外观质量　　　　　　　　　　　　　　　　表 6.8

序号	项目		外观质量要求
1	粘皮和麻面		局部粘皮和麻面累计面积不应大于桩总外表面的 0.5%；每处粘皮和麻面的深度不应大于 5mm，且应修补
2	桩身合缝漏浆		漏浆深度不应大于 5mm，每处漏浆长度不应大于 300mm，累计长度不应大于异型桩长度的 10%，或对称漏浆的搭接长度不应大于 100mm，且应修补
3	局部磕损		局部磕损深度不应大于 5mm，每处面积不应大于 5000mm^2，且应修补
4	内外表面露筋		不允许
5	表面裂缝		不应出现环向和纵向裂缝，但龟裂、水纹和内壁浮浆层中的收缩裂缝不在此限
6	桩端面平整度		异型桩预应力钢筋镦头不应高出桩端平面
7	断筋、脱头		不允许
8	桩套箍凹陷		凹陷深度不应大于 10mm
9	内表面混凝土塌落		不允许
10	接头和桩套箍与桩身结合面	漏浆	漏浆深度不应大于 5mm，漏浆长度不应大于周长的 1/6，且应修补
		空洞和蜂窝	不允许

8）异型桩尺寸允许偏差应符合表 6.9 的规定。

异型桩尺寸允许偏差　　　　　　　　　　　　　　　　表 6.9

序号	项目		允许偏差（mm）
1	L		$\pm 0.5\%L$
2	端部倾斜		$\leqslant 0.5\%D$
3	端面平面度		$\leqslant 0.5$
4	D	300～700mm	$+5$ -2
		800～1200mm	$+7$ -4
5	t		$+5$ 0
6	保护层厚度		$+10$ 0
7	桩身弯曲度		$\leqslant L/1000$
8	端板的尺寸允许偏差		应符合《先张法预应力混凝土管桩用端板》JC/T 947 的规定

注：L 为桩长；D 为异型桩最大外径或边长。

9) 异型桩的外观质量和尺寸偏差抽查应符合按表 6.6 和表 6.7 的规定。抽查数量不得少于 2% 的桩节数，且不得少于 10 节。当抽检结果出现一根桩节不符合质量要求时，应加倍复验，如仍有不合格的异型桩，则该批异型桩不准使用并必须撤离现场。

10) 施工现场应检验预应力钢筋的数量和直径，螺旋筋的直径、间距和加密区的长度，以及钢筋的混凝土保护层厚度，抽检桩节数宜为 2~3 节。

11) 在异型桩起吊就位前，应检查异型桩在运输、装卸过程中有否产生裂缝，严禁使用有裂缝的异型桩。

2. 施工过程检测

1) 沉桩施工过程中应进行桩的定位和压桩就位前的复测、打（压）桩机具的检查、桩身垂直度检测、桩接头承插件连接的质量检测、收锤（终压）监控、沉桩记录审核、桩挤土效应监测、沉桩对周围环境影响的监测及基坑开挖和截桩头的监督等检测。

2) 桩位经放线定位后，打桩应对桩位复核。在沉桩过程中，应随时检查桩位标记的保护，防止桩位标记发生错乱和移位。对于大承台群桩基础四周边缘的基桩，宜待承台内其他桩全部打完后重新定位施工。

3) 桩身垂直度检测应符合沉桩施工的规定，测量桩身垂直度可用吊线坠法，送桩的异型桩桩身垂直度可采用送桩前桩头露出自然地面 1.0~1.5m 时测得的桩身垂直度；但深基坑内的基桩，桩身垂直度应待深基坑土方开挖后再次量测，沉桩后的最终桩身垂直度允许偏差应为 ±1%。

4) 沉桩记录应齐全、真实、清晰，经相关人员签字确认后，方可作为有效的施工记录。

5) 桩挤土穿过或进入密实的砂土、密实的粉土或超固结黏性土可能产生挤土效应造成桩身上浮时，应监测全部工程桩沉桩完成后的桩顶标高。

6) 沉桩施工中周围环境监测应符合下列规定：

（1）沉桩过程中，沉桩顺序监控应符合《预应力混凝土异型预制桩技术规程》JGJ/T 405 第 6.4.1 条的规定和施工组织设计要求；

（2）沉桩挤土可能危及四周的建筑物、道路、市政设施时，应监测周边建（构）筑物和现场土体的变化；

（3）大面积群桩基础或挤土效应明显的异型桩基础工程，应监测打桩对周边建（构）筑物和地下工程的影响。

7) 沉桩完成后，应检查基桩管口和送桩遗留孔洞的封盖情况。

3. 施工后检测

1) 截桩后桩顶的实际标高与设计标高的允许偏差应为 ±10mm。

2) 设计标高处桩顶平面位置的允许偏差应符合表 6.10 的规定。

异型桩桩顶平面位置的允许偏差		表 6.10
项目		允许偏差值（mm）
柱下单桩		±80
单排或双排桩条形桩基	垂直于条形桩基横向轴的桩	±100
	平行于条形桩基纵向轴的桩	±150

项目		允许偏差值(mm)
承台桩数为 2～4 根的桩		±100
承台桩数为 5～16 根的桩	周边桩	±100
	中间桩	±D/3 或±150 两者中较大者
承台桩数多于 16 根的桩	周边桩	±150
	中间桩	±D/2

注：D 为异型桩最大外径或边长。

3）异型复合桩可不检测桩身完整性。

4）异型桩承载力和桩身质量检验尚应符合国家现行标准《建筑地基基础工程施工质量验收标准》GB 50202、《建筑桩基技术规范》JGJ 94 和《建筑基桩检测技术规范》JGJ 106 的规定。

4. 工程质量验收

1）当桩顶设计标高与打桩作业面标高基本相同时，桩基工程的质量验收应待打桩完毕后进行。

2）当桩顶设计标高低于打桩作业面标高，需送桩时，在每一根桩的桩顶沉至打桩作业面标高时应进行中间检查后再送桩，待全部桩基施工完毕，并开挖到设计标高后方能进行质量检验。

3）桩基工程验收时应提交异型桩的出厂合格证、产品检验报告、异型桩进场验收记录、桩位测量放线图，包括桩位复核签证单、工程地质勘察报告、图纸会审记录和设计变更单、经批准的施工组织设计或异型桩施工专项方案和技术交底资料、沉桩施工记录汇总，包括桩位编号图、沉桩完成时桩顶标高、复打（压）后桩顶标高和开挖完成后桩顶标高、异型桩接桩隐蔽验收记录、沉桩工程竣工图（桩位实测偏位情况、补桩位置、试桩位置）、质量事故处理记录、试沉桩记录、桩身完整性检测和承载力检测报告、异型桩施工记录（包括孔内混凝土灌实深度、配筋或插筋数量、混凝土试块强度等记录，异型桩桩头与承台的锚筋，边桩离承台边缘距离等）。

6.2　机械连接预应力混凝土异型桩智慧植桩工法

传统的静压和锤击法挤土效应明显，对周边环境影响较大，传统灌注桩费用高，而异型桩智慧植桩的桩体承载力较高，对周边环境无影响，具备一定的经济优势，尤其在软土地区有较大的推广价值。机械连接预应力混凝土异型桩智慧植桩工法是采用专用植桩钻机在设计桩位上进行钻掘，同时在钻头及钻杆侧壁处直喷或旋喷出水泥浆液等固化剂（必要时可同时喷入压缩空气）与地基土进行反复搅拌混合，形成柱状水泥土体，及时将异型桩依靠自重和植桩机植入水泥土中，桩的侧向及端部水泥土固化后，与桩形成一体的施工工法。其具有以下特点：

1）施工时采用智能控制的劲性搅拌桩机进行钻孔、注入水泥浆搅拌，形成劲性搅拌桩体，然后在劲性搅拌桩内植入预制桩，预制桩是采用离心工艺生产的带有等间隔竹节状突起的环形截面预应力高强混凝土制成。简单、快捷、省工、省料、环保，施工过程中不受环境和人为因素的影响。能有效地保证施工质量和施工进度，符合节能减排的要求。

2）与普通管桩相比，预应力混凝土异型桩智慧植桩集成钻孔灌注桩、深层搅拌桩、钻孔扩底、预制桩等技术先进、可靠的优点。

3）利用竹节桩桩端直径变径技术与复合配筋桩、PHC管桩等各种预制桩组合，可满足工程对抗压、抗拔、抗水平力的不同要求。桩径可达 1300mm，承载力设计值可达 12000kN，具有更高的单桩承载力和抗拔力。

4）扩底直径最大可达钻孔直径的 1.6 倍，通过注入抗压强度 20MPa 以上的桩端水泥浆，提高桩基端承力，控制总沉降及不均匀沉降。

机械连接预应力混凝土异型桩智慧植桩工法适用于深厚淤泥、黏性土、粉土、砂土、填土、碎（砾）石土以及地质情况复杂、夹层多、风化不均、软硬变化较大的岩层。

6.2.1 材料与设备

1. 材料

植入桩施工桩周、桩端所注水泥浆用水泥应采用强度等级不低于 42.5 级的水泥。水泥可采用硅酸盐水泥、普通硅酸盐水泥、矿渣硅酸盐水泥，其质量应符合现行国家标准《通用硅酸盐水泥》GB 175 的规定。

2. 机具设备

应根据地质条件、周边环境条件、成桩深度、桩径等选用智慧植桩施工用桩机、水泥浆系统等机具设备。

桩机应符合下列规定：

1）智能劲性搅拌桩机应采用专用钻机，输出扭矩应满足成孔的需求；

2）钻杆直径不宜小于 270mm；

3）钻孔深度大于最大单节钻杆长度时，钻杆应具有接杆功能；

4）钻杆及其叶片构造应满足成桩过程中使水泥浆和土搅拌均匀的要求；

5）钻杆叶片宜由螺旋叶片和搅拌叶片组成，搅拌叶片的间距不宜大于 800mm；

6）采用扩底工艺时，钻头部位应能够依靠液压回路进行可控的扩大和收拢；

7）桩架应具有垂直度监控和调整的功能。

水泥浆系统应符合以下规定：

1）水泥浆搅拌系统应包括搅拌桶、储浆桶、注浆泵、水泥储罐、螺旋输送机、水箱等；

2）注浆泵的工作流量应可调节；

3）应配置拌浆和注浆的计量装置。

3. 机具设备

主要施工机具设备如表 6.11 所示。

主要施工机具设备　　　　表 6.11

序号	机具名称	规格、型号	用途
1	履带式植桩机	DH558	植入预制桩
2	单轴钻机	D-150HP	钻孔及搅拌成孔
3	供浆系统	BZ	搅拌及供给水泥浆

续表

序号	机具名称	规格、型号	用途
4	履带吊车	50T	吊运桩体和设备
5	挖掘机	200	平整场地
6	履带式植桩机	DH558	植入预制桩
7	螺栓	$\phi18$	用于桩尖连接
8	送桩器		用于管桩送桩

6.2.2　工艺流程

具体施工工艺流程如图 6.10 所示。

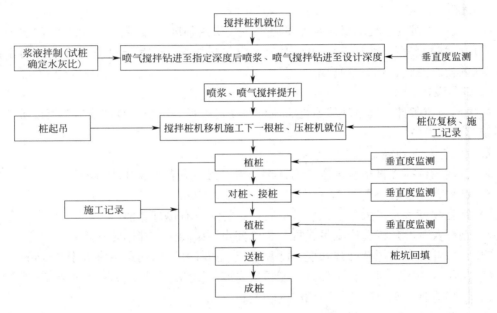

图 6.10　异型管桩工艺流程图

具体步骤如下：

1. 测量定位

1）按桩基施工图进行桩位放样并填写放线记录，桩位放样允许偏差应为 10mm，经监理单位或建设单位复核签证后方可开工。

2）桩位点应设有不易破坏的明显标记，水泥土桩施工和管桩植入施工前均应进行桩位复核。

2. 钻进成孔

1）搅拌钻杆在搅拌深度范围内全长布设搅拌叶片，搅拌叶片间距 1～1.2m，确保充分搅拌。

2）将钻头定位于桩心位置，使用定位检测尺确认平面位置，使用 2 台经纬仪互成 90° 进行垂直度监测并校正，垂直度偏差控制在 0.5% 以内，定位偏差不大于 10mm。

148

3）开钻时，钻头对准桩位点后，启动钻机下钻，刚接触地面时，钻进速度要慢，下钻速度要平稳，严防钻进中钻机倾斜错位。

4）开始钻进时采取喷水、喷气搅拌施工，钻进至指定深度后开始喷浆、喷气搅拌施工至设计深度，过程中要用经纬仪校正垂直度（≤0.5%）。

5）钻进过程中若遇卡钻、钻机摇晃、偏斜或发现有节奏的声响时，应立即停钻，查明原因，采取相应措施后方可继续作业，当需停钻时间较长时应将钻杆提至地表。

6）钻孔时应根据地质情况，确保主机负荷在允许范围内。钻杆保持匀速下沉和提升，提升时不应在孔内产生负压造成周边土体的过大扰动，搅拌次数和搅拌时间应能保证成孔质量，并在保证成孔质量的前提下选择合适的钻孔速度。

7）当砂层作为持力层或穿越较厚砂层时，水泥土搅拌桩施工至该层时宜喷射膨润土浆液进行喷气搅拌。

8）提升时边注水泥浆边喷气搅拌施工，对需要提高强度或增加喷搅次数的部位应采取复搅复喷施工，直至水泥浆喷射完毕且搅拌钻机提升、钻进时电流接近空载电流后，边喷气搅拌边快速提出钻杆。

3. 水泥浆的制作与注浆

1）采用全封闭全自动水泥浆液制备系统，在开机前按设计要求进行水泥浆液的搅制，将配制好的水泥浆送入储浆桶内备用，储浆桶的容积应能满足连续供给高压喷射浆液的需要。

2）水泥浆应过筛后使用，其搅拌时间不应少于2min，自制备至用完的时间不应超过2h。

3）水泥浆的水灰比严格按照设计配合比配制，并采取防止浆液离析的措施，且安排专人负责抽查浆液质量。

4）水泥浆在输送过程中应配备水泥浆流量计，控制浆液的流量，防止水泥浆注入量不足。

5）水泥浆的流量应根据孔径、钻进和提升速度、重复搅拌次数及地质情况调整水泥浆液用量。

4. 植桩

1）搅拌桩施工完毕后应立即开始植桩施工。

2）植桩前应对桩位进行二次复核，预制桩定位允许偏差10mm。

3）在桩植入过程中，采用2台经纬仪互成90°对桩进行垂直度检测，整根桩垂直度偏差不得大于0.5%。

4）在下节桩桩顶距离地面0.5~1m时，用钢丝绳将下节桩与压桩机夹持机构进行连接固定，然后吊装上节桩，桩与桩之间采用机械连接。

5）管桩植入施工应采取措施，减少桩植入过程中管桩接头数量。

5. 接桩

1）桩的连接采用机械连接。

2）连接前应先检查端面是否合格、平整。

3）连接前应将两连接断面及抱箍安装处用钢刷清理干净，清除污垢杂物。

4）在螺丝孔垂直对位后拧紧螺丝，完成连接；确认上下节桩完全连接后，方可开始压桩。

6. 送桩

1）在最后一节桩靠自重下沉至桩顶距离地面 0.5～1m 时，用钢丝绳将下节桩与压桩机夹持机构进行连接固定，安装送桩装置。

2）待桩体靠自重不能下沉时，松开钢丝绳，及时利用压桩机将预制桩压至设计标高。

3）植桩桩顶标高允许偏差为±50mm。

6.2.3　施工质量控制

智慧植桩基工程应进行桩位、桩长、桩径、桩身质量和单桩承载力的检验。桩基工程质量检测按时间顺序可分为三个阶段：施工前检测、施工过程检测和施工后检测。对砂、石子、水泥、钢材等桩体原材料质量的检验项目和方法应符合国家现行有关标准的规定。

1. 施工前检测

进场的植入桩的混凝土强度应达到设计强度，并应满足沉桩要求。植入桩进入施工现场后，应进行下列检测：

1）核查植入桩合格证、规格、型号和龄期。

2）对进场的植入桩的尺寸偏差和外观质量进行抽查。抽查的数量不应少于植入桩桩节总数的 2%，植入桩的尺寸偏差应符合表 6.12 的规定，植入桩的外观质量应符合表 6.13 的规定。同一检验批中，当抽查结果出现一节植入桩不符合质量要求时，应加倍检查，再发现有不合格的植入桩时，该检验批的植入桩不准使用。

植入桩的尺寸允许偏差　　　　　　　　　　　　　　　表 6.12

序号	项目		允许偏差（mm）
1	桩长 L		$\pm 0.5\%L$
2	端部倾斜		$\leqslant 0.5\%D_w$
3	直径 D_w（包括桩身、节部分）	300～700mm	$+5$ -2
		800～1400mm	$+7$ -4
4	壁厚 t		$+20$ 0
5	保护层厚度		$+5$ 0
6	桩身弯曲度		$\leqslant L/1000$

植入桩的外观质量要求　　　　　　　　　　　　　　　表 6.13

序号	项目	外观质量要求
1	粘皮和麻面	局部粘皮和麻面累计面积不应大于桩总外表面的 0.5%；每处粘皮和麻面的深度不得大于 5mm，且应修补
2	桩身合缝漏浆	漏浆深度不应大于 5mm，每处漏浆长度不得大于 300mm，累计长度不得大于单节植入桩长度的 10%，或对称漏浆的搭接长度不得大于 100mm，且应修补

序号	项目		外观质量要求
3	局部磕损		局部磕损深度不得大于 5mm,每处面积不得大于 5000mm² ,且应修补
4	内外表面露筋		不允许
5	表面裂缝		不得出现环向和纵向裂缝,但龟裂、水温和内壁浮浆层中的收缩裂缝不在此限
6	桩端面平整度		植入桩端面混凝土和预应力钢筋镦头不得高出端板平面
7	断筋、脱头		不允许
8	桩套箍凹陷		凹陷深度不应大于 10mm
9	内表面混凝土塌落		不允许
10	接头和桩套箍与桩身结合面	漏浆	漏浆深度不应大于 5mm,漏浆长度不得大于周长的 1/6,且应修补
		空洞和蜂窝	不允许

3）抽查植入桩时应对进场的植入桩的预应力钢棒、非预应力钢筋的数量和直径、螺旋筋直径和间距、螺旋筋加密区的长度以及钢筋混凝土保护层厚度进行抽查,每个检验批抽查桩节数不应少于两根。

4）拌制水泥浆用的水泥进场时,应对水泥的强度等级进行检查,并应对水泥的强度进行检验,检查数量和检验方法应符合《混凝土结构工程施工质量验收规范》GB 50204 的有关规定。

2. 施工过程检测

1）沉桩施工过程中,应进行下列检测:

（1）桩身垂直度的检查;

（2）沉桩对周围环境的影响监测;

（3）施工记录的审核。

2）应对桩身垂直度进行检查。检查应符合下列规定:

（1）应检查第一节桩定位时的垂直度,当垂直度偏差不大于 0.5% 时,方可进行施工;

（2）在施工过程中,应及时抽检桩身垂直度;

（3）送桩前,应对桩身垂直度进行检查;

（4）智慧植桩基础承台施工前,应对工程桩桩身垂直度进行检查,垂直度偏差应为 ±1%。

3）施工过程中,应监测施工对周围环境的影响。监测应符合下列规定:

（1）应根据施工组织方案检查工程桩的施工顺序;

（2）当施工振动或挤土可能危及周边的建筑物、道路、市政设施时,应对周边建（构）筑物的变形和裂缝情况进行监测;

（3）对大面积群桩基础,应抽检监测已施工工程桩的上浮量及桩顶偏位值,工程桩的监测数量不应少于 1% 且不得少于 10 根。

4）施工记录应按下列规定进行审核:

（1）当配置施工自动记录仪时,应对自动记录仪的工作状态、所记录的各种施工数据进行逻辑分析判定；

（2）当采用人工记录时，应对作业班组所安排专人记录的内容进行检查；

（3）工程桩施工完成后，施工记录应经旁站监理人员签名确认，方可作为施工记录。

5）接桩采用的焊材、机械接头应符合设计要求及其产品标准要求。

6）采用电焊接桩时，焊接质量应符合表6.14及现行国家标准《建筑地基基础工程施工质量验收标准》GB 50202的有关规定。

焊缝质量要求 表6.14

序号	检查项目	允许偏差或允许值		检查方法
		单位	数值	
1	节点弯曲矢高	mm	<1/1000	用钢尺量
2	焊缝咬边深度	mm	≤0.5	焊缝检查仪
3	焊缝加强层高度	mm	2	焊缝检查仪
4	焊缝加强层宽度	mm	2	焊缝检查仪
5	外观质量	无气孔、无焊瘤、无裂缝		直观

7）钻孔深度允许偏差为（+300，0）mm，钻孔直径允许偏差为（+20，0）mm。

8）扩底直径和高度应满足设计要求，扩底直径允许偏差为（+50，0）mm，扩底高度允许偏差为（+150，0）mm。

9）水泥浆的水灰比和用量应符合设计要求。

10）桩端水泥浆应制作试块并进行无侧限抗压强度试验，强度试验方法应符合《混凝土物理力学性能试验方法标准》GB/T 50081的有关规定；每100t水泥应制作少于3组试块，试块强度应根据试验值乘以换算系数1.15，换算强度不应低于20MPa。

3. 施工后检测

1）桩顶标高的允许偏差为±50mm。

2）工程桩施工完成后，应进行桩身完整性检测，检测数量应符合下列规定：

（1）当桩基设计等级为甲级时，抽检数量不应少于总桩数的30%，且不得少于20根；

（2）其他桩基工程的抽检数量不应少于总桩数的20%，且不得少于10根；

（3）每个承台下抽检数量不得少于1根。

3）工程桩应进行单桩承载力检测，检测方法及检测数量应符合下列规定：

（1）桩基设计等级为甲级或地质条件复杂时，宜采用静载荷试验法进行检测；

（2）检测数量不应少于总桩数的1%，且不应少于3根；

（3）总桩数不大于50根时，检测数量不应少于2根；

（4）智慧植桩的桩位偏差应符合表6.15的规定。

智慧植桩顶平面位置的允许偏差 表6.15

项目		允许偏差(mm)
带有基础梁的桩	（1）垂直基础梁的中心线	100+0.01H
	（2）沿基础梁的中心线	150+0.01H

续表

项目		允许偏差（mm）
桩数为 1～3 根桩基中的桩		100
桩数为 4～16 根桩基中的桩		1/2 桩径
桩数大于 16 根桩基中的桩	（1）最外边的桩	1/3 桩径
	（2）中间桩	1/2 桩径

注：H 为总桩长。

4. 工程验收

1）智慧植桩验收时应具备下列资料或文件：

（1）预制桩出厂合格证；

（2）预制桩进场验收记录；

（3）水泥合格证及质检报告；

（4）桩位测量放线图、桩位复核签证单；

（5）岩土工程勘察报告；

（6）图纸会审记录及设计变更联系单；

（7）经批准的施工组织设计或专项施工方案及技术交底资料；

（8）施工记录、桩位编号图；

（9）接桩隐蔽验收记录；

（10）包含桩位实测偏位情况、补桩位置、试桩位置等内容的工程竣工图；

（11）质量事故处理记录；

（12）试沉桩记录；

（13）静载荷试验报告和桩身低应变检测报告。

2）智慧植桩的验收除应符合本规程外，尚应符合现行国家标准《建筑工程施工质量验收统一标准》GB 50300 和《建筑地基基础工程施工质量验收规范》GB 50202 的有关规定。

3）承台的验收应符合现行国家标准《混凝土结构工程施工质量验收规范》GB 50204 的有关规定。

6.3 本章小结

本章主要介绍了预应力混凝土异型桩的施工工艺、机械连接预应力混凝土异型桩智慧植桩工法的施工方法及施工质量控制。机械连接预应力混凝土异型桩智慧植桩工法在一定程度上弥补了静压、锤击施工法缺陷，桩体承载力较高，与传统的管桩相比，由于桩身结构改变，异型桩抗压承载力可提高 60%～80%，竖向抗拔力可提高 40%～50%，桩头耐打，穿透力强；对周边环境无影响；无泥浆排放，符合文明施工要求；成桩速度快，可提高工效，缩短工期；预制管桩由工厂加工，质量可靠，植桩采用成熟的设备及工艺，易于操作；与传统灌注桩相比，具备一定的经济优势，尤其在软土地区有较大的推广价值。上下桩头连接采用螺锁连接，使桩头成型质量得到保障，摒弃端板焊接作业，寻求更好的机械连接方法，使接头施工操作性更强，施工更快捷，连接接头质量得到保障。改进了现有管桩用电焊连接的弊端，提高了因端板焊接引起的基础安全度，省去了电焊条及烧电焊时产生的人体危害、环境污染，减少了施工过程中受到外界因素的影响，且可操作性强，更有效地保证施工进度。同时也降低了管桩的施工成本（电焊条及人工直接施工成本降低 10%～20%），管桩的施工质量也因此得到更好的保障。

机械连接预应力混凝土异型桩智慧植桩工法的发明给国家、社会带来巨大的经济效益，减少了管桩行业的无序竞争带来的巨大资源浪费，同时也响应国家提倡的节能、节源、环保的理念。

第7章 工程应用

螺锁式机械连接预应力混凝土异型桩因单桩承载力高、接桩安全、快速、可靠，被广泛应用于工业与民用建筑、高速铁路、公路、机场、石油、化工等工程中。截至目前，螺锁式机械连接预应力混凝土异型桩已在全国数千个工程中成功应用。本章通过上海浦东白龙港污水处理厂工程、东营万达集团宝港国际罐区项目、杭州亚运公园曲棍球馆工程等典型工程分别介绍了异型桩作为抗压桩、抗拔桩及防腐桩基的应用情况。

7.1 异型桩抗压工程应用

7.1.1 工程概况及场地地质情况

上海浦东白龙港污水处理厂位于上海市浦东新区合庆镇，是上海市污水治理二期工程的一个重要组成部分，是亚洲最大的污水处理厂，也是世界最大的污水处理厂之一（图7.1）。有生物反应池（地下）2座，尺寸约为158.35m×254m，池高约为8.5m，埋置深度约为15.5m，现浇钢筋混凝土结构，采用桩基础支承和抗浮。二沉池（地下）2座，尺寸为79.8m×254m，池高约为5.4m，埋置深度约为13.2m，现浇钢筋混凝土结构，采用桩基础支承和抗浮。该场地各土层概况见表7.1，各土层物理力学性质见表7.2。

图7.1 上海浦东白龙港污水处理厂

上海浦东白龙港污水处理厂场地土层概况 表7.1

地质时代	土层层号	土层名称	层底深度(m)	层底标高(m)	厚度(m)	成因	土层描述
Q_4^3	①₁₋₁	杂填土	1.70	5.69	1.70	人工	局部夹碎石、碎砖、上部有植物根茎等，土质不均，结构松散
	①₁₋₂	素填土	3.50	3.89	1.80	人工	以黏性土为主，局部为粉性土，夹植物根茎
	①₃	吹填土	5.50	1.89	2.00	潮坪	以淤泥质土为主，局部土性较差，近似于淤泥，局部夹粉性土，无层理，土质很不均匀

续表

地质时代	土层层号	土层名称	层底深度(m)	层底标高(m)	厚度(m)	成因	土层描述
Q_4^3	②$_{3-1}$	黏质粉土	9.50	−2.11	4.00	滨海～河口	含云母,夹薄层淤泥质土,局部为黏质粉土,无光泽,摇振反应中等,干强度低,韧性低
	②$_{3-2}$	砂质粉土	13.80	−6.41	4.30	滨海～河口	含云母,夹薄层淤泥质土,局部为黏质粉土,摇振反应迅速,干强度低,韧性低
Q_4^2	③	淤泥质粉质黏土	18.00	−10.61	4.20	滨海～浅海	含云母、有机质、贝壳碎屑等,夹薄层状粉土,稍有光泽,摇振反应无,干强度中等,韧性中等
	④	淤泥质黏土	25.30	−17.91	7.30	滨海～浅海	含云母、有机质,有光泽,摇振反应无,干强度高,韧性高
Q_4^1	⑤$_1$	黏土	33.50	−26.11	8.20	滨海、沼泽	含有机质、腐殖酸、钙结核,有光泽,摇振反应无,干强度高,韧性高
	⑤$_{3-1}$	粉质黏土夹粉土	38.30	−30.01	4.80	溺谷	含云母,夹薄层状粉砂,稍有光泽,摇振反应无,干强度中等,韧性中等
	⑤$_{3-2}$	粉质黏土与黏质粉土互层	41.00	−33.61	2.70	溺谷	含云母,与黏质粉土成互层状,具交错层理,土质不均,稍有光泽,无摇振反应,干强度中等,韧性中等
Q_3^2	⑧$_{1-1}$	粉质黏土夹粉土	55.00	−47.61	14.00	滨海～浅海	夹腐植物、钙质结核,局部夹粉土,稍有光泽,摇振反应无,干强度中等,韧性中等

桩侧及桩端极限侧摩阻力标准值 f_s、f_p 参数表　　　表 7.2

土层层号	土层名称	静探 P_s(MPa)	一般层顶埋深(m)	预制桩		灌注桩		抗拔承载力系数 λ
				f_s(kPa)	f_p(kPa)	f_s(kPa)	f_p(kPa)	
②$_{3-1}$	黏质粉土	2.21	0.60～9.80	6m以浅 15		6m以浅 15		0.7
				6m以深 35		6m以深 30		0.7
②$_{3-2}$	砂质粉土	3.67	5.00～12.30	6m以浅 15		6m以浅 15		0.7
				6m以深 45		6m以深 35		0.7
②$_{3夹}$	淤泥质粉质黏土	0.59	2.95～5.70	6m以浅 15		6m以浅 15		0.7
				6m以深 25		6m以深 20		0.7
③	淤泥质粉质黏土	0.75	7.20～18.80	25		20		0.7
④	淤泥质黏土	0.78	13.00～24.00	25		20		0.7
⑤$_1$	黏土	1.04	20.60～31.40	35	700	30	200	0.7
⑤$_{3-1}$	粉质黏土夹粉土	1.43	28.50～38.50	55	1200	45	500	0.7
⑤$_{3-2}$	粉质黏土与黏质粉土互层	2.43	31.50～41.60	60	1600	50	700	0.7
⑧$_{1-1}$	粉质黏土夹粉土	1.63	34.00～47.50	65	1700	55	1000	0.7

7.1.2　试桩基本情况

该工程异型复合桩设计方案,柔性桩采用直径 700mm 的水泥土搅拌桩,刚性桩采用直径 500mm 的异型管桩（竹节桩），型号为 T-PHC-C500-460（110），单桩竖向抗压承载力特征值 1370kN，单桩抗拔特征值 650kN，桩长 18～28m。施工过程中先施工直径 700mm 的水泥土搅拌桩，后施工刚性桩，刚性桩施工在柔性桩施工后 6h 内进行，工程总量 60 万 m。该工程试桩设计如表 7.3 所示。施工现场如图 7.2 所示。

图 7.2　上海浦东白龙港污水处理厂异型桩现场施工图

试桩设计情况表　　　　　　　　　　　　　　　　　表 7.3

桩类别	刚性桩型号	桩底标高（m）	桩端持力层	数量（根）	单桩竖向抗压极限承载力标准值（kN）	单桩竖向抗压极限承载力标准值（kN）
抗压试桩	T-PHC C500-460(110)-15＞15、12	−37.700	⑤3-2 层粉质黏土与粉土互层	9	3600	—

　　根据设计要求，对试桩进行 9 根单桩竖向抗压静载荷试验，试验采用慢速维持荷载法。

1. 反力系统

单桩竖向抗压静载荷试验采用堆载法，反力系统由压重平台组成。

2. 加载设备

根据试桩设计承载力的要求，试验采用相应的油压千斤顶（千斤顶的出力应在千斤顶额定值的 20%～80% 内进行），电脑控制电动油泵自动进行加载。

3. 量测设备

千斤顶的出力由压力传感器所测的油压通过率定表进行换算得到，精密油压表进行校核，试桩的位移变化通过精度为 0.01mm 的 4 只位移传感器量测。压力传感器和位移传感器均通过电缆与桩基静载测试分析仪连接，由试验分析仪自动采集数据并绘制相关曲线。

4. 基准系统

打入 4 根钢管作为基准桩，打入深度为 1m，基准桩与试桩的中心距为 3m，基准梁采用 2 根 7m 长的 16 号工字钢。基准桩与工字钢采用简支形式固定共同构成基准系统。

5. 试验加、卸载方式

加载：按最大加载量（极限承载力标准值）的 1/10 为加载级差，逐级等量加载，第一级取 2 倍加载级差进行加载；每级荷载在其维持过程中保持数值稳定，变化幅度不超过分级荷载的 10%。

卸载：按 2 倍加载级差进行逐级等量卸载。

本工程静载荷试验加载要求：先按极限承载力标准值的 1/10 为加载级差，逐级等量加载。当加载至极限承载力标准值时，如桩未破坏，继续加载，最大加载量为 12 级。加载分级表见表 7.4。卸载分级根据实际加载情况按 2 倍加载级差进行逐级等量卸载。

抗压静载荷试验加载分级表 表 7.4

加载分级	1	2	3	4	5	6	7	8	9	10	11
抗压试验荷载量(kN)	720	1080	1440	1800	2160	2520	2880	3240	3600	3960	4320

6. 测读时间及相对稳定标准

加载：每次加载后第一小时内按第 5min、15min、30min、45min、60min 测读位移，以后每隔 30min 测读一次，当桩顶沉降速率达到相对稳定标准时，进行下一级加载。

卸载：每级荷载测读一小时，按第 5min、15min、30min、60min 测读桩顶沉降量，卸载至零时，测读 3h。

相对稳定标准：1h 的桩顶位移量不超过 0.1mm，并连续出现两次。

7. 试验终止条件

1）试桩在某级荷载作用下的沉降量大于前一级荷载沉降量的 5 倍。

2）试桩在某级荷载作用下的沉降量大于前一级的 2 倍，且经 24h 尚未稳定。

3）达到设计要求最大加载量且沉降达到稳定，或已达到桩身材料的极限强度，或试桩桩身出现明显的破坏现象，或已达到反力装置提供的最大加载量。

4）当荷载-沉降曲线呈缓慢变形时应按总沉降量控制，桩长小于等于 40m 时，总沉降量宜按 60～80mm 控制；桩长大于 40m 时，总沉降量可根据具体要求控制到 100mm 以上。

5）对于灌注桩及有接头的预制桩，当满足 1）、2）款，但未达到最大加载量时，宜继续加荷至满足总沉降量达到 100mm 以上的要求。

8. 极限承载力的确定方法

根据荷载与沉降量的对应关系绘制 Q-s 曲线；根据每级荷载下沉降量与时间对数的关系绘制 s-$\lg t$ 曲线。通过以上曲线及沉降量的变化，判断单桩极限承载力。试桩（抗压）Q-s 曲线呈缓变形，s-$\lg t$ 曲线无尾部出现明显向下弯曲，且总沉降量均小于 40mm 时，取最大加载量作为试桩的抗压极限承载力；试桩（抗压）Q-s 曲线呈陡降形，s-$\lg t$ 曲线尾部出现明显向下弯曲，且某级荷载作用下，桩顶沉降量大于前一级荷载作用下的沉降量的 5 倍，取其发生明显陡降的起始点对应的荷载值作为试桩的抗压极限承载力。

7.1.3　试桩结果及分析

单桩竖向抗压静载荷试验结果如表 7.5 所示，单桩静载荷试验加载记录如表 7.6～表 7.14 所示，Q-s 曲线及 s-$\lg Q$ 曲线如图 7.3～图 7.11 所示。

单桩竖向抗压静载荷试验结果 表 7.5

试桩编号	最大加载量(kN)	最大沉降量(mm)	单桩竖向抗压极限承载力(kN)	备注
抗压桩 SY1-1	4320	13.64	≥4320	—

续表

试桩编号	最大加载量(kN)	最大沉降量(mm)	单桩竖向抗压极限承载力(kN)	备注
抗压桩 SY1-2	4320	40.83	3960	加载12级荷载(4320kN)时,桩顶混凝土被压碎,桩顶沉降量大于前一级荷载作用下沉降量的5倍,试验终止
抗压桩 SY1-3	4320	15.78	≥4320	—
抗压桩 SY2-1	4320	13.61	≥4320	—
抗压桩 SY2-2	4320	13.80	≥4320	—
抗压桩 SY2-3	4320	11.67	≥4320	—
抗压桩 SY3-1	4320	13.87	≥4320	—
抗压桩 SY3-2	4320	26.24	≥4320	—
抗压桩 SY3-3	4320	11.00	≥4320	—

1. 抗压桩 SY1-1

SY1-1 试桩加载至 4320 kN,桩身总沉降 13.64 mm,停止加载。每级荷载、沉降如表 7.6 所示。Q-s 曲线及 s-$\lg Q$ 曲线见图 7.3。

SY1-1 试桩单桩竖向抗压静载荷试验数据表 　　　　表 7.6

序号	荷载(kN)	历时(min)		沉降(mm)	
		本级	累计	本级	累计
1	720	120	120	2.40	2.40
2	1080	120	240	0.44	2.84
3	1440	120	360	0.60	3.44
4	1800	120	480	0.78	4.22
5	2160	120	600	0.87	5.09
6	2520	120	720	1.09	6.18
7	2880	120	840	1.17	7.35
8	3240	210	1050	1.57	8.92
9	3600	270	1320	1.68	10.60
10	3960	210	1530	1.54	12.14
11	4320	180	1710	1.50	13.64
12	3600	60	1770	−0.35	13.29
13	2880	60	1830	−1.05	12.24
14	2160	60	1890	−1.59	10.65
15	1440	60	1950	−1.65	9.00
16	720	60	2010	−1.95	7.05
17	0	180	2190	−3.66	3.39
最大沉降量:13.64mm		最大回弹量:10.25mm		回弹率:75.15%	

SY1-1 试桩(桩径 500mm,桩长 42 m):按规定荷载级别加载至第一级荷载 720 kN

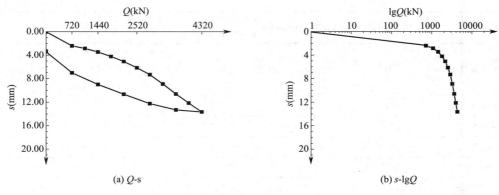

(a) Q-s　　　　　　　　　　　(b) s-lg$Q$

图 7.3　SY1-1 试桩 Q-s 曲线及 s-lg$Q$ 曲线

时，桩顶累计沉降量为 2.40 mm；加载至第五级荷载 2160 kN 时，桩顶累计沉降量为 5.09 mm；继续加载至第十一级荷载 4320 kN 时，桩顶累计沉降量达 13.64 mm，此时 Q-s 曲线（图 7.3）未出现陡降段，卸载后桩顶回弹量为 10.25 mm，桩顶残余沉降量为 3.39 mm，取 4320kN 作为 SY1-1 试桩的单桩竖向承载力极限值。

2. 抗压桩 SY1-2

SY1-2 试桩加载至 4320 kN，桩身总沉降 40.83 mm，停止加载。每级荷载、沉降如表 7.7 所示。Q-s 曲线及 s-lg$Q$ 曲线见图 7.4。

SY1-2 试桩单桩竖向抗压静载荷试验数据　　　　　　　　　　表 7.7

序号	荷载(kN)	历时(min)		沉降(mm)	
		本级	累计	本级	累计
1	720	150	150	1.54	1.54
2	1080	120	270	0.76	2.30
3	1440	120	390	0.94	3.24
4	1800	150	540	1.05	4.29
5	2160	150	690	1.13	5.42
6	2520	1560	840	1.15	6.57
7	2880	180	1020	1.32	7.89
8	3240	180	1200	1.38	9.27
9	3600	150	1350	1.35	10.62
10	3960	180	1530	1.64	12.26
11	4320	240	1770	28.57	40.83
12	2160	120	1890	-0.58	40.25
13	0	180	2070	-9.84	30.41
最大沉降量:40.83mm		最大回弹量:10.42mm		回弹率:25.52%	

SY1-2 试桩（桩径 500 mm，桩长 42 m）：按规定荷载级别加载至第一级荷载 720kN 时，桩顶累计沉降量为 1.54mm；加至第五级荷载 2160kN 时，桩顶累计沉降量为 5.42

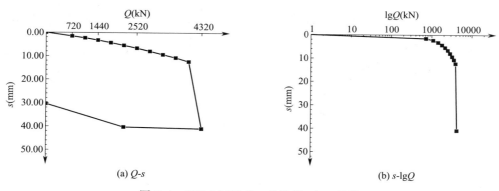

(a) Q-s　　　　　　　　　　　　　　(b) s-lgQ

图 7.4　SY1-2 试桩 Q-s 曲线及 s-lgQ 曲线

mm；继续加载至第十一级荷载 4320kN 时，桩顶本次沉降突然加大为 28.57mm，桩顶累计沉降量达 40.83 mm，桩顶的沉降量大于前一级荷载作用下沉降量的 5 倍，且桩顶总沉降量超过 40mm。此时 Q-s 曲线（图 7.4）出现陡降段，桩发生了整体剪切破坏。卸载后桩顶回弹量为 10.42mm，桩顶残余沉降量为 30.41 mm，取 4320kN 作为 SY1-2 试桩的单桩竖向承载力极限值。

3. 抗压桩 SY1-3

SY1-3 试桩加载至 4320 kN，桩身总沉降 15.78 mm，停止加载。每级荷载、沉降如表 7.8 所示。Q-s 曲线及 s-lgQ 曲线见图 7.5。

SY1-3 试桩单桩竖向抗压静载荷试验数据　　　　　　表 7.8

序号	荷载(kN)	历时(min)		沉降(mm)	
		本级	累计	本级	累计
1	720	120	120	2.69	2.69
2	1080	120	240	0.77	3.46
3	1440	120	360	0.96	4.42
4	1800	120	480	1.01	5.43
5	2160	150	630	1.24	6.67
6	2520	150	780	1.22	7.89
7	2880	180	960	1.39	9.28
8	3240	180	1140	1.37	10.65
9	3600	150	1290	1.66	12.31
10	3960	180	1470	1.60	13.91
11	4320	240	1710	1.87	15.78
12	3600	60	1770	−0.49	15.29
13	2880	60	1830	−0.92	14.37
14	2160	60	1890	−1.67	12.70
15	1440	60	1950	−2.10	10.60
16	720	60	2010	−2.60	8.00
17	0	180	2190	−3.66	4.34
最大沉降量:15.78mm		最大回弹量:11.44mm		回弹率:72.50%	

161

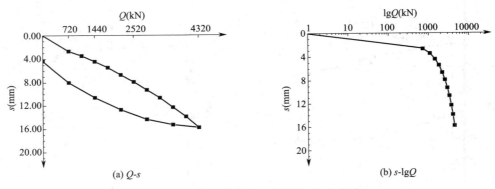

图 7.5　SY1-3 试桩 Q-s 曲线及 s-lg$Q$ 曲线

SY1-3 试桩（桩径 500mm，桩长 42 m）：按规定荷载级别加载至第一级荷载 720kN 时，桩顶累计沉降量为 2.29 mm；加载至第五级荷载 2160 kN 时，桩顶累计沉降量为 6.67 mm；继续加载至第十一级荷载 4320kN 时，桩顶累计沉降量达 15.78 mm，此时 Q-s 曲线（图 7.5）未出现陡降段，卸载后桩顶回弹量为 11.44 mm，桩顶残余沉降量为 4.34 mm，取 4320 kN 作为 SY1-3 试桩的单桩竖向承载力极限值。

4. 抗压桩 SY2-1

SY2-1 试桩加载至 4320 kN，桩身总沉降 13.61 mm，停止加载。每级荷载、沉降如表 7.9 所示。Q-s 曲线及 s-lg$Q$ 曲线见图 7.6。

SY2-1 试桩单桩竖向抗压静载荷试验数据　　　　表 7.9

序号	荷载(kN)	历时(min)		沉降(mm)	
		本级	累计	本级	累计
1	720	150	150	1.53	1.53
2	1080	120	270	0.66	2.19
3	1440	120	390	0.95	3.14
4	1800	150	540	1.05	4.19
5	2160	150	690	1.10	5.29
6	2520	120	810	1.10	6.39
7	2880	180	990	1.42	7.81
8	3240	150	1140	1.27	9.08
9	3600	150	1290	1.32	10.40
10	3960	150	1440	1.52	11.92
11	4320	210	1650	1.69	13.61
12	3600	60	1710	−0.27	13.34
13	2880	60	1770	−0.80	12.54
14	2160	60	1830	−1.44	11.10
15	1440	60	1890	−1.87	9.23
16	720	60	1950	−2.40	6.83
17	0	180	2130	−3.69	3.14
最大沉降量:13.61mm		最大回弹量:10.47mm			回弹率:76.93%

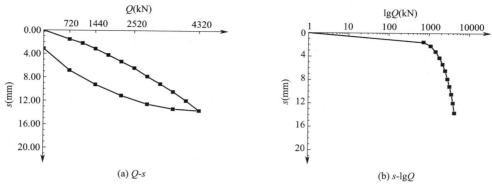

(a) Q-s

(b) s-lgQ

图 7.6 SY2-1 试桩 Q-s 曲线及 s-lgQ 曲线

SY2-1 试桩（桩径 500mm，桩长 42 m）：按规定荷载级别加载至第一级荷载 720 kN 时，桩顶累计沉降量为 1.53 mm；加载至第五级荷载 2160 kN 时，桩顶累计沉降量为 5.29 mm；继续加载至第十一级荷载 4320 kN 时，桩顶累计沉降量达 13.61 mm，此时 Q-s 曲线（图 7.6）未出现陡降段，卸载后桩顶回弹量为 10.47 mm，桩顶残余沉降量为 3.14 mm，取 4320 kN 作为 SY2-1 试桩的单桩竖向承载力极限值。

5. 抗压桩 SY2-2

SY2-2 试桩加载至 4320 kN，桩身总沉降 13.80 mm，停止加载。每级荷载、沉降如表 7.10 所示。Q-s 曲线及 s-lgQ 曲线见图 7.7。

SY2-2 试桩单桩竖向抗压静载荷试验数据　　　　表 7.10

序号	荷载(kN)	历时(min)		沉降(mm)	
		本级	累计	本级	累计
1	720	120	120	1.93	1.93
2	1080	150	270	0.89	2.82
3	1440	120	390	0.93	3.75
4	1800	180	570	1.07	4.82
5	2160	150	720	1.01	5.83
6	2520	180	900	1.09	6.92
7	2880	180	1080	1.27	8.19
8	3240	180	1260	1.25	9.44
9	3600	180	1440	1.32	10.76
10	3960	150	1590	1.50	12.26
11	4320	210	1800	1.54	13.80
12	3600	60	1860	−0.26	13.54
13	2880	60	1920	−0.62	12.92
14	2160	60	1980	−1.01	11.91
15	1440	60	2040	−1.78	10.13
16	720	60	2100	−2.29	7.84
17	0	180	2280	−3.04	4.80
最大沉降量：13.80mm		最大回弹量：9.00mm		回弹率：65.22%	

163

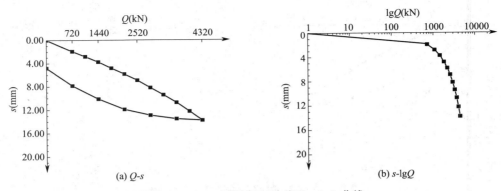

图 7.7　SY2-2 试桩 *Q-s* 曲线及 *s*-lg*Q* 曲线

SY2-2 试桩（桩径 500mm，桩长 42 m）：按规定荷载级别加载至第一级荷载 720 kN 时，桩顶累计沉降量为 1.93 mm；加载至第五级荷载 2160 kN 时，桩顶累计沉降量为 5.83 mm；继续加载至第十一级荷载 4320 kN 时，桩顶累计沉降量达 13.80 mm，此时 *Q-s* 曲线（图 7.7）未出现陡降段，卸载后桩顶回弹量为 9.00 mm，桩顶残余沉降量为 4.80 mm，取 4320 kN 作为 SY2-2 试桩的单桩竖向承载力极限值。

6. 抗压桩 SY2-3

SY2-3 试桩加载至 4320 kN，桩身总沉降 11.67 mm，停止加载。每级荷载、沉降如表 7.11 所示。*Q-s* 曲线及 *s*-lg*Q* 曲线见图 7.8。

SY2-3 试桩单桩竖向抗压静载荷试验数据　　　　　　　　　　**表 7.11**

序号	荷载(kN)	历时(min)		沉降(mm)	
		本级	累计	本级	累计
1	720	150	150	1.52	1.52
2	1080	120	270	0.47	1.99
3	1440	120	390	0.82	2.81
4	1800	150	540	0.86	3.67
5	2160	120	660	0.96	4.63
6	2520	180	840	1.03	5.66
7	2880	180	1020	1.24	6.90
8	3240	150	1170	1.04	7.94
9	3600	180	1350	1.22	9.16
10	3960	180	1530	1.36	10.52
11	4320	210	1740	1.15	11.67
12	3600	60	1800	−0.29	11.38
13	2880	120	1920	−0.93	10.45
14	2160	60	1980	−1.23	9.22
15	1440	60	2040	−1.63	7.59
16	720	60	2100	−2.45	5.14
17	0	180	2280	−3.35	1.79
最大沉降量:11.67mm		最大回弹量:9.88mm		回弹率:84.66%	

164

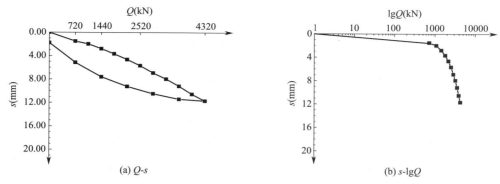

(a) Q-s   (b) s-lgQ

图 7.8   SY2-3 试桩 Q-s 曲线及 s-lgQ 曲线

SY2-3 试桩（桩径 500mm，桩长 42 m）：按规定荷载级别加载至第一级荷载 720 kN时，桩顶累计沉降量为 1.52 mm；加载至第五级荷载 2160 kN 时，桩顶累计沉降量为4.63 mm；继续加载至第十一级荷载 4320 kN 时，桩顶累计沉降量达 11.67 mm，此时 Q-s 曲线（图 7.8）未出现陡降段，卸载后桩顶回弹量为 9.88 mm，桩顶残余沉降量为 1.79mm，取 4320 kN 作为 SY2-2 试桩的单桩竖向承载力极限值。

7. 抗压桩 SY3-1

SY3-1 试桩加载至 4320 kN，桩身总沉降 13.87 mm，停止加载。每级荷载、沉降如表 7.12 所示。Q-s 曲线及 s-lgQ 曲线见图 7.9。

SY3-1 试桩单桩竖向抗压静载荷试验数据   表 7.12

序号	荷载(kN)	历时(min)		沉降(mm)	
		本级	累计	本级	累计
0	0	0	0	0	0
1	720	120	120	1.23	1.23
2	1080	120	240	0.51	1.74
3	1440	120	360	0.75	2.49
4	1800	120	480	0.99	3.48
5	2160	120	600	1.13	4.61
6	2520	120	720	1.28	5.89
7	2880	120	840	1.30	7.19
8	3240	120	960	1.38	8.57
9	3600	180	1140	1.96	10.53
10	3960	180	1320	1.46	11.99
11	4320	240	1560	1.88	13.87
12	3600	60	1620	−0.48	13.39
13	2880	60	1680	−1.66	11.73
14	2160	60	1740	−2.23	9.50
15	1440	60	1800	−2.50	7.00
16	720	60	1860	−2.83	4.17
17	0	180	2040	−2.73	1.44
最大沉降量：13.87mm		最大回弹量：12.43mm		回弹率：89.60%	

165

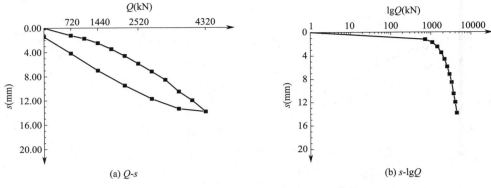

图 7.9　SY3-1 试桩 *Q-s* 曲线及 *s*-lg*Q* 曲线

SY3-1 试桩（桩径 500mm，桩长 42 m）：按规定荷载级别加载至第一级荷载 720 kN 时，桩顶累计沉降量为 1.23 mm；加载至第五级荷载 2160 kN 时，桩顶累计沉降量为 4.61 mm；继续加载至第十一级荷载 4320 kN 时，桩顶累计沉降量达 13.87 mm，此时 *Q-s* 曲线（图 7.9）未出现陡降段，卸载后桩顶回弹量为 12.43 mm，桩顶残余沉降量为 1.44 mm，取 4320 kN 作为 SY3-1 试桩的单桩竖向承载力极限值。

8. 抗压桩 SY3-2

SY3-2 试桩加载至 4320 kN，桩身总沉降 26.24 mm，停止加载。每级荷载、沉降如表 7.13 所示。*Q-s* 曲线及 *s*-lg*Q* 曲线见图 7.10。

SY3-2 试桩单桩竖向抗压静载荷试验数据　　　　表 7.13

序号	荷载（kN）	历时（min）		沉降（mm）	
		本级	累计	本级	累计
0	0	0	0	0.00	0.00
1	720	120	120	1.66	1.66
2	1080	120	240	1.41	3.07
3	1440	210	450	1.65	4.72
4	1800	210	660	1.67	6.39
5	2160	150	810	1.87	8.26
6	2520	150	960	2.04	10.30
7	2880	120	1080	2.18	12.48
8	3240	150	1230	2.66	15.14
9	3600	180	1410	2.95	18.09
10	3960	210	1620	3.89	21.98
11	4320	210	1830	4.26	26.24
12	3600	60	1890	−0.43	25.81
13	2880	60	1950	−1.87	23.94
14	2160	60	2010	−2.80	21.14
15	1440	60	2070	−3.75	17.39
16	720	60	2130	−4.89	12.50
17	0	180	2310	−6.46	6.04
最大沉降量：26.24mm		最大回弹量：20.20mm		回弹率：77.0%	

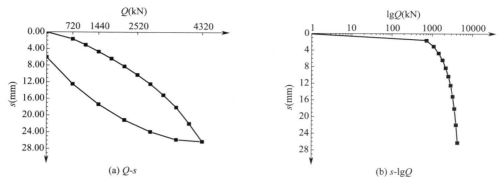

图 7.10 SY3-2 试桩 Q-s 曲线及 s-lg$Q$ 曲线

SY3-2 试桩（桩径 500mm，桩长 42 m）：按规定荷载级别加载至第一级荷载 720 kN 时，桩顶累计沉降量为 1.66 mm；加载至第五级荷载 2160 kN 时，桩顶累计沉降量为 8.26 mm；继续加载至第十一级荷载 4320 kN 时，桩顶累计沉降量达 26.24 mm，此时 Q-s 曲线（图 7.10）未出现陡降段，卸载后桩顶回弹量为 20.20 mm，桩顶残余沉降量为 6.04 mm，取 4320 kN 作为 SY3-2 试桩的单桩竖向承载力极限值。

9. 抗压桩 SY3-3

SY3-3 试桩加载至 4320 kN，桩身总沉降 11.00 mm，停止加载。每级荷载、沉降如表 7.14 所示。Q-s 曲线及 s-lg$Q$ 曲线见图 7.11。

SY3-3 试桩单桩竖向抗压静载荷试验数据   表 7.14

序号	荷载(kN)	历时(min)		沉降(mm)	
		本级	累计	本级	累计
0	0	0	0	0.00	0.00
1	720	120	120	1.00	1.00
2	1080	120	240	0.48	1.48
3	1440	120	360	0.61	2.09
4	1800	150	510	0.83	2.92
5	2160	120	630	0.89	3.81
6	2520	120	750	1.02	4.83
7	2880	120	870	1.08	5.91
8	3240	120	990	1.12	7.03
9	3600	150	1140	1.26	8.29
10	3960	150	1290	1.33	9.62
11	4320	150	1440	1.38	11.00
12	3600	60	1500	−0.35	10.65
13	2880	60	1560	−0.64	10.01
14	2160	60	1620	−1.52	8.419
15	1440	60	1680	−1.85	6.64
16	720	60	1740	−1.83	4.81
17	0	180	1920	−2.46	2.35
最大沉降量:11.00mm		最大回弹量:8.65mm		回弹率:78.6%	

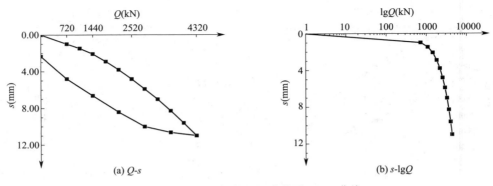

图 7.11 SY3-3 试桩 Q-s 曲线及 s-lgQ 曲线

SY3-3 试桩（桩径 500mm，桩长 42 m）：按规定荷载级别加载至第一级荷载 720 kN 时，桩顶累计沉降量为 1.00 mm；加载至第五级荷载 2160 kN 时，桩顶累计沉降量为 3.81 mm；继续加载至第十一级荷载 4320 kN 时，桩顶累计沉降量达 11.00 mm，此时 Q-s 曲线（图 7.11）未出现陡降段，卸载后桩顶回弹量为 8.65 mm，桩顶残余沉降量为 2.35 mm，取 4320 kN 作为 SY3-3 试桩的单桩竖向承载力极限值。

经对白龙港污水处理厂工程的 9 根桩的单桩竖向抗压静载荷试验得到，所有试桩的抗压极限承载力为 4320 kN，满足工程设计要求。

7.2 异型桩抗拔工程应用

7.2.1 试桩方法

异型桩抗拔工程概况同 7.1 节，场地土层概况及土层物理力学性质同表 7.1、表 7.2。试桩设计情况见表 7.15。

试桩设计情况   表 7.15

桩类别	刚性桩型号	桩底标高(m)	桩端持力层	数量(根)	单桩竖向抗压极限承载力标准值（kN）	单桩竖向抗压极限承载力标准值（kN）
抗拔试桩	T-PHC C500-460(130)-10、10、11	−26.700	⑤₁ 层黏土	9	—	1450

根据设计要求，对试桩进行 9 根单桩竖向抗拔静载荷试验。试验采用慢速维持荷载法。

1. 反力系统

单桩竖向抗拔静载荷试验采用锚桩法，支撑桩、试桩及反力架成"一"字形布置，反力架由 1 组主梁组成。

2. 加载设备

根据试桩设计承载力的要求，试验采用相应的油压千斤顶（千斤顶的出力应在千斤顶额定值的 20%～80% 内进行），电脑控制电动油泵自动进行加载。

3. 量测设备

千斤顶的出力由压力传感器所测的油压通过率定表进行换算得到，精密油压表进行校核，试桩的位移变化通过精度为 0.01mm 的 4 只位移传感器量测。压力传感器和位移传感器均通过电缆与桩基静载测试分析仪连接，由试验分析仪自动采集数据并绘制相关曲线。

4. 基准系统

打入 4 根钢管作为基准桩，打入深度为 1m，基准桩与试桩的中心距为 3m，基准梁采用 2 根 7m 长的 16 号工字钢。基准梁与工字钢采用简支形式固定共同构成基准系统。

5. 试验加、卸载方式

加载：按最大加载量（极限承载力标准值）的 1/10 为加载级差，逐级等量加载，第一级取 2 倍加载级差进行加载；每级荷载在其维持过程中保持数值稳定，变化幅度不超过分级荷载的 10%。

卸载：按 2 倍加载级差进行逐级等量卸载。

本工程静载荷试验加载要求：先按极限承载力标准值的 1/10 为加载级差，逐级等量加载。当加载至极限承载力标准值时，如桩未破坏，继续加载，最大加载量为 12 级。加载分级表见表 7.4。卸载分级根据实际加载情况按 2 倍加载级差进行逐级等量卸载。

6. 测读时间及相对稳定标准

加载：每次加载后第 1h 内按第 5min、15min、30min、45min、60min 测读位移，以后每隔 30min 测读一次，当桩顶沉降速率达到相对稳定标准时，进行下一级加载。

卸载：每级荷载测读 1h，按第 5min、15min、30min、60min 测读桩顶沉降量，卸载至零时，测读 3h。

相对稳定标准：1h 的桩顶位移量不超过 0.1mm，并连续出现两次。

7. 试验终止条件

1）在某级荷载作用下，桩顶上拔量大于前一级荷载作用下上拔量的 5 倍。

2）在某级荷载作用下，试桩的钢筋拉应力达到钢筋抗拉强度标准值的 0.9 倍。

3）混凝土预制桩或灌注桩累计桩顶上拔量超过 30mm；钢桩累计上拔量超过 100mm。

4）达到设计要求的最大上拔荷载值且上拔量达到稳定。

8. 极限承载力的确定方法

根据荷载与上拔量的对应关系绘制 U-Δ 曲线曲线；根据每级荷载下上拔量与时间对数的关系绘制 Δ-$\lg t$ 曲线。通过以上曲线及上拔量的变化，判断单桩极限承载力。单桩竖向抗拔静载荷试验：试桩（抗拔）U-Δ 曲线呈缓变形，Δ-$\lg t$ 曲线无尾部出现明显弯曲，且总上拔量均小于 30mm 时，取最大加载量作为试桩的抗拔极限承载力；试桩（抗拔）U-Δ 曲线呈陡变形，取陡升起始点荷载为试桩的抗拔极限承载力；试桩（抗拔）钢筋（灌芯纵筋、桩顶锚固钢筋）被拉断、拔出时，取前一级荷载为该桩的极限荷载。

7.2.2 试桩结果及分析

单桩竖向抗压静载荷试验结果如表 7.16 所示，单桩静载荷试验加载记录如表 7.17～表 7.25 所示，U-δ 曲线及 δ-$\lg U$ 曲线如图 7.12～图 7.20 所示。

单桩竖向抗拔静载荷试验结果   表 7. 16

试桩编号	最大加载量(kN)	最大上拔量(mm)	单桩竖向抗压极限承载力(kN)	备注
抗拔桩 SB1-1	1595	3.98	≥4320	加载 11 级荷载(1595kN)时,锚固钢筋断裂,试验终止
抗拔桩 SB1-2	1740	10.11	3960	—
抗拔桩 SB1-3	1450	4.77	≥4320	加载 10 级荷载(1450kN)时,上拔量达到稳定标准,之后 1 根钢筋被拔出,试验终止
抗拔桩 SB2-1	1740	7.08	≥4320	—
抗拔桩 SB2-2	1740	12.57	≥4320	—
抗拔桩 SB2-3	1740	14.56	≥4320	—
抗拔桩 SB3-1	1740	8.28	≥4320	—
抗拔桩 SB3-2	1740	32.97	≥4320	加载 12 级荷载(1740kN)时,累计上拔量超过 30mm,试验终止
抗拔桩 SB3-3	1740	6.53	≥4320	加载 12 级荷载(1740kN)时,1 根锚固钢筋被拔出,试验终止

1. 抗拔桩 SB1-1

SB1-1 试桩加载至 1595 kN,最大上拔量为 3.98 mm,停止加载。每级荷载、上拔量如表 7.17 所示。U-δ 曲线及 δ-lg$U$ 曲线见图 7.12。

SB1-1 试桩单桩竖向抗拔静载荷试验数据   表 7.17

序号	荷载(kN)	历时(min)		上拔(mm)	
		本级	累计	本级	累计
0	0	0	0	0.00	0.00
1	290	120	120	0.29	0.29
2	435	120	240	0.10	0.39
3	580	120	360	0.20	0.59
4	725	120	480	0.26	0.85
5	870	120	600	0.28	1.13
6	1015	120	720	0.29	1.42
7	1160	120	840	0.37	1.79
8	1305	120	960	0.40	2.19
9	1450	180	1140	1.15	3.34
10	1595	30	1170	0.64	3.98
11	0	90	1260	—2.93	1.05
最大上拔量:3.98mm		最大回弹量:2.93mm		回弹率:73.60%	

SB1-1 试桩(桩径 500mm,桩长 31 m):按规定荷载级别加载至第一级荷载 290 kN

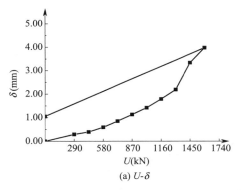
(a) U-δ

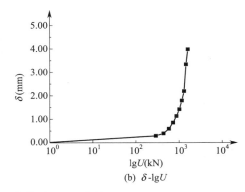
(b) δ-lg$U$

图 7.12　SB1-1 试桩 U-δ 曲线及 δ-lg$U$ 曲线

时，桩顶累计上拔量为 0.29 mm；加载至第五级荷载 870 kN 时，桩顶累计上拔量为 1.13 mm；继续加载至第十级荷载 1595 kN 时，桩顶累计上拔量达 3.98 mm，此时锚固钢筋断裂，试验终止，U-δ 曲线（图 7.12）未发生突变，卸载后桩顶回弹量为 2.93 mm，桩顶残余上拔量为 1.05 mm，取 1595 kN 作为 SB1-1 试桩的单桩抗拔承载力极限值。

2. 抗拔桩 SB1-2

SB1-2 试桩加载至 1740 kN，最大上拔量为 10.11 mm，停止加载。每级荷载、上拔量如表 7.18 所示。U-δ 曲线及 δ-lg$U$ 曲线见图 7.13。

SB1-2 试桩单桩竖向抗拔静载荷试验数据　　　　　　　　　　　　表 7.18

序号	荷载(kN)	历时(min)		上拔(mm)	
		本级	累计	本级	累计
0	0	0	0	0.00	0.00
1	290	120	120	0.49	0.49
2	435	120	240	0.36	0.85
3	580	150	390	0.61	1.46
4	725	120	510	0.63	2.09
5	870	120	630	0.61	2.70
6	1015	150	780	0.83	3.53
7	1160	120	900	0.91	4.44
8	1305	120	1020	1.00	5.44
9	1450	120	1140	1.19	6.63
10	1595	210	1350	1.61	8.24
11	1740	270	1620	1.87	10.11
12	1450	60	1680	−0.30	9.81
13	1160	60	1740	−0.60	9.21
14	870	60	1800	−1.10	8.11
15	580	60	1860	−1.70	6.41
16	290	60	1920	−2.21	4.20
17	0	180	2100	−3.21	0.99

最大上拔量：10.11mm　　　　　最大回弹量：9.12mm　　　　　回弹率：90.21%

171

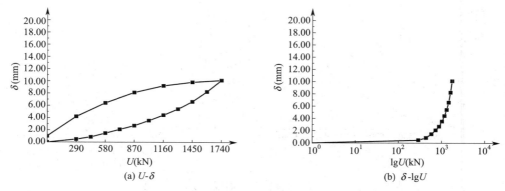

图 7.13 SB1-2 试桩 U-δ 曲线及 δ-lg$U$ 曲线

SB1-2 试桩（桩径 500mm，桩长 31 m）：按规定荷载级别加载至第一级荷载 290 kN 时，桩顶累计上拔量为 0.49 mm；加载至第五级荷载 870 kN 时，桩顶累计上拔量为 2.70 mm；继续加载至第十一级荷载 1740 kN 时，桩顶累计上拔量达 10.11 mm，此时 U-δ 曲线（图 7.13）未发生突变，卸载后桩顶回弹量为 9.12 mm，桩顶残余上拔量为 0.99 mm，取 1740 kN 作为 SB1-2 试桩的单桩抗拔承载力极限值。

3. 抗拔桩 SB1-3

SB1-3 试桩加载至 1450 kN，最大上拔量为 4.77 mm，停止加载。每级荷载、上拔量如表 7.19 所示。U-δ 曲线及 δ-lg$U$ 曲线见图 7.14。

SB1-3 试桩单桩竖向抗拔静载荷试验数据 表 7.19

序号	荷载(kN)	历时(min)		上拔(mm)	
		本级	累计	本级	累计
0	0	0	0	0.00	0.00
1	290	120	120	0.57	0.57
2	435	120	240	0.31	0.88
3	580	120	360	0.35	1.23
4	725	120	480	0.42	1.65
5	870	120	600	0.48	2.13
6	1015	120	720	0.57	2.70
7	1160	120	840	0.61	3.31
8	1305	150	990	0.66	3.97
9	1450	150	1140	0.80	4.77
10	1160	60	1200	−0.23	4.54
11	870	60	1260	−0.38	4.16
12	580	60	1320	−0.70	3.46
13	290	60	1380	−0.99	2.47
14	0	180	1560	−1.31	1.16
最大上拔量:4.77mm		最大回弹量:3.61mm		回弹率:75.68%	

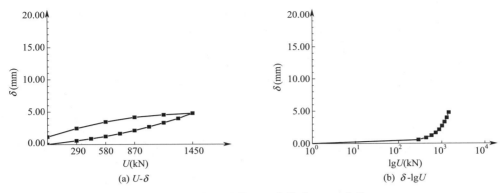

图 7.14 SB1-3 试桩 U-δ 曲线及 δ-lg$U$ 曲线

SB1-3 试桩（桩径 500mm，桩长 31 m）：按规定荷载级别加载至第一级荷载 290 kN时，桩顶累计上拔量为 0.57 mm；加载至第五级荷载 870 kN 时，桩顶累计上拔量为 2.13 mm；继续加载至第九级荷载 1450 kN 时，桩顶累计上拔量达 4.77 mm，此时 U-δ 曲线（图 7.14）未发生突变，卸载后桩顶回弹量为 3.61 mm，桩顶残余上拔量为 1.16 mm，取 1450 kN 作为 SB1-3 试桩的单桩抗拔承载力极限值。

4. 抗拔桩 SB2-1

SB2-1 试桩加载至 1740 kN，最大上拔量为 7.08 mm，停止加载。每级荷载、上拔量如表 7.20 所示。U-δ 曲线及 δ-lg$U$ 曲线见图 7.15。

SB2-1 试桩单桩竖向抗拔静载荷试验数据　　　　　　　　　　　　表 7.20

序号	荷载(kN)	历时(min)		上拔(mm)	
		本级	累计	本级	累计
0	0	0	0	0.00	0.00
1	290	120	120	0.49	0.49
2	435	120	240	0.42	0.91
3	580	120	360	0.58	1.49
4	725	180	540	0.70	2.19
5	870	120	660	0.57	2.76
6	1015	120	780	0.60	3.36
7	1160	120	900	0.55	3.91
8	1305	120	1020	0.66	4.57
9	1450	180	1200	0.88	5.45
10	1595	120	1320	0.75	6.20
11	1740	120	1440	0.88	7.08
12	1450	60	1500	−0.26	6.82
13	1160	60	1560	−0.48	6.34
14	870	60	1620	−0.63	5.71
15	580	60	1680	−0.72	4.99
16	290	60	1740	−0.71	4.28
17	0	180	1920	−0.99	3.29
最大上拔量：7.08mm		最大回弹量：3.79mm		回弹率：53.50%	

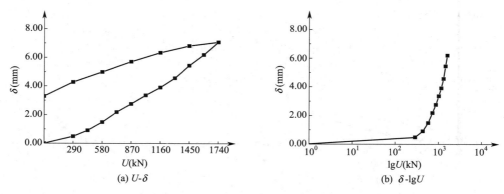

图 7.15　SB2-1 试桩 $U\text{-}\delta$ 曲线及 $\delta\text{-lg}U$ 曲线

SB2-1 试桩（桩径 500mm，桩长 31 m）：按规定荷载级别加载至第一级荷载 290 kN 时，桩顶累计上拔量为 0.49 mm；加载至第五级荷载 870 kN 时，桩顶累计上拔量为 2.76 mm；继续加载至第十一级荷载 1740 kN 时，桩顶累计上拔量达 7.08 mm，此时 $U\text{-}\delta$ 曲线（图 7.15）未发生突变，卸载后桩顶回弹量为 3.79 mm，桩顶残余上拔量为 3.29 mm，取 1740 kN 作为 SB2-1 试桩的单桩抗拔承载力极限值。

5. 抗拔桩 SB2-2

SB2-2 试桩加载至 1740 kN，最大上拔量为 12.57 mm，停止加载。每级荷载、上拔量如表 7.21 所示。$U\text{-}\delta$ 曲线及 $\delta\text{-lg}U$ 曲线见图 7.16。

SB2-2 试桩单桩竖向抗拔静载荷试验数据　　　　表 7.21

序号	荷载(kN)	历时(min)		上拔(mm)	
		本级	累计	本级	累计
0	0	0	0	0.00	0.00
1	290	120	120	0.52	0.52
2	435	120	240	0.38	0.90
3	580	150	390	0.56	1.46
4	725	180	570	1.19	2.65
5	870	180	750	0.57	3.22
6	1015	120	870	0.74	3.96
7	1160	120	990	0.66	4.62
8	1305	120	1110	0.81	5.43
9	1450	210	1320	1.66	7.09
10	1595	150	1470	1.82	8.91
11	1740	240	1710	3.66	12.57
12	1450	60	1770	−0.95	11.62
13	1160	60	1830	−1.56	10.06
14	870	60	1890	−1.42	8.64
15	580	60	1950	−1.24	7.40
16	290	60	2010	−1.20	6.20
17	0	180	2190	−1.48	4.72
最大上拔量:12.57mm		最大回弹量:7.85mm		回弹率:62.50%	

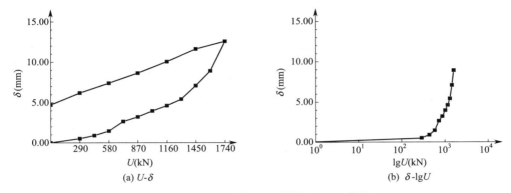

图 7.16　SB2-2 试桩 U-δ 曲线及 δ-$\lg U$ 曲线

SB2-2 试桩（桩径 500mm，桩长 31 m）：按规定荷载级别加载至第一级荷载 290 kN 时，桩顶累计上拔量为 0.52 mm；加载至第五级荷载 870 kN 时，桩顶累计上拔量为 3.22 mm；继续加载至第十一级荷载 1740 kN 时，桩顶累计上拔量达 12.57 mm，此时 U-δ 曲线（图 7.16）未发生突变，卸载后桩顶回弹量为 7.85 mm，桩顶残余上拔量为 4.72 mm，取 1740 kN 作为 SB2-2 试桩的单桩抗拔承载力极限值。

6. 抗拔桩 SB2-3

SB2-3 试桩加载至 1740 kN，最大上拔量为 14.56 mm，停止加载。每级荷载、上拔量如表 7.22 所示。U-δ 曲线及 δ-$\lg U$ 曲线见图 7.17。

SB2-3 试桩单桩竖向抗拔静载荷试验数据 　　　　　　　　　　表 7.22

序号	荷载(kN)	历时(min)		上拔(mm)	
		本级	累计	本级	累计
0	0	0	0	0.00	0.00
1	290	120	120	0.40	0.40
2	435	150	270	0.22	0.62
3	580	120	390	0.31	0.93
4	725	120	510	0.38	1.31
5	870	180	690	0.59	1.90
6	1015	120	810	1.00	2.90
7	1160	180	990	1.80	4.70
8	1305	240	1230	2.25	6.98
9	1450	150	1380	2.28	9.23
10	1595	180	1560	2.61	11.84
11	1740	270	1830	2.72	14.56
12	1450	60	1890	−0.94	13.62
13	1160	60	1950	−1.53	12.09
14	870	60	2010	−2.59	9.50
15	580	60	2070	−2.43	7.07
16	290	60	2130	−1.94	5.13
17	0	180	2310	−1.91	3.22
最大上拔量:14.56mm		最大回弹量:11.34mm		回弹率:77.9%	

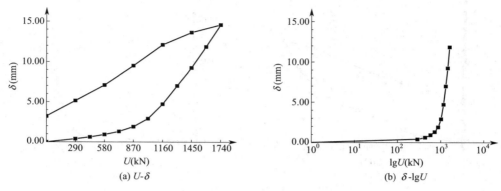

图 7.17　SB2-3 试桩 U-δ 曲线及 δ-$\lg U$ 曲线

SB2-3 试桩（桩径 500mm，桩长 31 m）：按规定荷载级别加载至第一级荷载 290 kN 时，桩顶累计上拔量为 0.40 mm；加载至第五级荷载 870 kN 时，桩顶累计上拔量为 1.90 mm；继续加载至第十一级荷载 1740 kN 时，桩顶累计上拔量达 14.56 mm，此时 U-δ 曲线（图 7.17）未发生突变，卸载后桩顶回弹量为 11.34 mm，桩顶残余上拔量为 3.22 mm，取 1740 kN 作为 SB2-3 试桩的单桩抗拔承载力极限值。

7. 抗拔桩 SB3-1

SB3-1 试桩加载至 1740 kN，最大上拔量为 8.28 mm，停止加载。每级荷载、上拔量如表 7.23 所示。U-δ 曲线及 δ-$\lg U$ 曲线见图 7.18。

SB3-1 试桩单桩竖向抗拔静载荷试验数据　　　　　　　表 7.23

序号	荷载(kN)	历时(min)		上拔(mm)	
		本级	累计	本级	累计
0	0	0	0	0.00	0.00
1	290	150	150	0.49	0.49
2	435	120	270	0.25	0.74
3	580	120	390	0.24	0.98
4	725	120	510	0.33	1.31
5	870	120	630	0.37	1.68
6	1015	180	810	0.55	2.23
7	1160	120	930	0.40	2.63
8	1305	150	1080	0.72	3.35
9	1450	150	1230	1.08	4.43
10	1595	180	1410	1.40	5.83
11	1740	210	1620	2.45	8.28
12	1450	60	1680	−0.23	8.05
13	1160	60	1740	−0.58	7.47
14	870	60	1800	−0.86	6.61
15	580	60	1860	−1.26	5.35
16	290	60	1920	−1.74	3.61
17	0	180	2100	−2.17	1.44

最大上拔量:8.28mm　　　　　　最大回弹量:6.84mm　　　　　　回弹率:82.60%

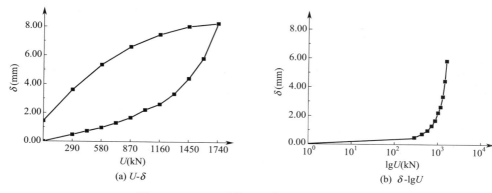

图 7.18 SB3-1 试桩 U-δ 曲线及 δ-$\lg U$ 曲线

SB3-1 试桩（桩径 500mm，桩长 31 m）：按规定荷载级别加载至第一级荷载 290 kN 时，桩顶累计上拔量为 0.49 mm；加载至第五级荷载 870 kN 时，桩顶累计上拔量为 1.68 mm；继续加载至第十一级荷载 1740 kN 时，桩顶累计上拔量达 8.28 mm，此时 U-δ 曲线（图 7.18）未发生突变，卸载后桩顶回弹量为 6.84 mm，桩顶残余上拔量为 1.44 mm，取 1740 kN 作为 SB3-1 试桩的单桩抗拔承载力极限值。

8. 抗拔桩 SB3-2

SB3-2 试桩加载至 1740 kN，最大上拔量为 32.97 mm，停止加载。每级荷载、上拔量如表 7.24 所示。U-δ 曲线及 δ-$\lg U$ 曲线见图 7.19。

SB3-2 试桩单桩竖向抗拔静载荷试验数据 表 7.24

序号	荷载(kN)	历时(min)		上拔(mm)	
		本级	累计	本级	累计
0	0	0	0	0.00	0.00
1	290	150	150	0.66	0.66
2	435	120	270	0.30	0.96
3	580	120	390	0.27	1.23
4	725	120	510	0.24	1.47
5	870	210	720	0.64	2.11
6	1015	120	840	0.47	2.58
7	1160	150	990	1.10	3.68
8	1305	180	1170	1.69	5.37
9	1450	210	1380	2.15	7.52
10	1595	300	1680	9.07	16.59
11	1740	180	860	16.38	32.97
12	1450	60	1920	−0.30	32.67
13	1160	60	1980	−1.11	31.56
14	870	60	2040	−1.26	30.30
15	580	60	2100	−1.87	28.43
16	290	60	2160	−2.33	26.10
17	0	180	2340	−4.65	21.45

最大上拔量：32.97mm　　　　最大回弹量：11.52mm　　　　回弹率：34.90%

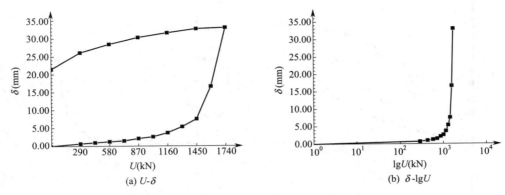

图 7.19　SB3-2 试桩 U-δ 曲线及 δ-$\lg U$ 曲线

SB3-2 试桩（桩径 500mm，桩长 31 m）：按规定荷载级别加载至第一级荷载 290 kN 时，桩顶累计上拔量为 0.66 mm；加载至第五级荷载 870 kN 时，桩顶累计上拔量为 2.11 mm；继续加载至第十一级荷载 1740 kN 时，桩顶累计上拔量达 32.97 mm，此时 U-δ 曲线（图 7.19）未发生突变，卸载后桩顶回弹量为 11.52 mm，桩顶残余上拔量为 21.45 mm，取 1740 kN 作为 SB3-2 试桩的单桩抗拔承载力极限值。

9. 抗拔桩 SB3-3

SB3-3 试桩加载至 1740 kN，最大上拔量为 6.53 mm，停止加载。每级荷载、上拔量如表 7.25 所示。U-δ 曲线及 δ-$\lg U$ 曲线见图 7.20。

SB3-3 试桩单桩竖向抗拔静载荷试验数据　　　　表 7.25

序号	荷载(kN)	历时(min)		上拔(mm)	
		本级	累计	本级	累计
0	0	0	0	0.00	0.00
1	290	120	120	00.45	0.45
2	435	120	2470	0.17	0.62
3	580	120	360	0.20	0.82
4	725	120	480	0.28	1.10
5	870	120	600	0.39	1.49
6	1015	120	720	0.54	2.03
7	1160	150	870	0.82	2.85
8	1305	210	1080	0.82	3.67
9	1450	120	1200	0.82	4.49
10	1595	150	1350	1.48	5.97
11	1740	5	1355	0.56	6.53
12	1450	60	1415	−0.50	6.03
13	1160	60	1475	−0.63	5.40
14	870	60	1535	−1.20	4.20
15	580	60	1595	−0.98	3.22
16	290	60	1655	−0.85	2.37
17	0	180	1835	−1.23	1.14

最大上拔量:6.53mm	最大回弹量:5.39mm	回弹率:82.50%

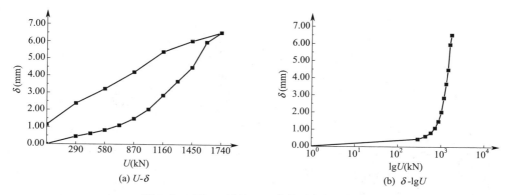

图 7.20　SB3-3 试桩 U-δ 曲线及 δ-lg$U$ 曲线

SB3-3 试桩（桩径 500mm，桩长 31 m）：按规定荷载级别加载至第一级荷载 290kN 时，桩顶累计上拔量为 0.45mm；加载至第五级荷载 870kN 时，桩顶累计上拔量为 1.49mm；继续加载至第十一级荷载 1740kN 时，桩顶累计上拔量达 6.53mm，此时 U-δ 曲线（图 7.20）未发生突变，卸载后桩顶回弹量为 5.39mm，桩顶残余上拔量为 1.14mm，取 1740kN 作为 SB3-3 试桩的单桩抗拔承载力极限值。

经对白龙港污水处理厂工程的 9 根桩的单桩竖向抗拔静载荷试验得到：SB1-1 试桩的抗拔极限承载力为 1595kN，SB1-2、SB2-1、SB2-2、SB2-3、SB3-1、SB3-2、SB3-3 试桩的抗拔极限承载力为 1740kN，SB1-3 试桩的抗拔极限承载力为 1450kN，满足工程设计要求。

7.3　异型桩防腐蚀工程应用

7.3.1　工程概况及场地地质情况

东营万达集团宝港国际罐区项目（图 7.21），计划总投资 86.5 亿元，占地约 1300 亩，被国家发改委列入"全国成品油质量升级重点项目"。该工程位于东营市东营港，其建设内容包括：350 万 t/年常压装置、200 万 t/年重油催化裂化装置、35 万 t/年气体分馏装置、6 万 t/年 MTBE 装置、2 万 Nm³/h 制氢装置、180 万 t/年柴油加氢装置等共计 13 套装置及配套工程。工程原设计采用预应力管桩，500mm 直径和 600mm 直径，后期优选异型管桩（竹节桩）提高单桩承载力，型号改为 T-PHC-A400-370（95），抗压承载力 2600kN 和型号为 T-PHC-A500-460（100），桩长 30m，抗压承载力特征值 3700kN，解决沿海地区防腐蚀（氯离子）问题。

根据野外静探试验结果，构成拟建场地的主要地层属于第四纪黄河三角洲堆积土层。按一般工程地质性质的差异，分层简述如下：

① 层素填土：黄褐色，以粉土为主，含植物根系、腐殖质，及少量贝壳碎片，土质不均匀，很湿—湿，稍密—中密，结构松散。该层冲填土经过振动、碾压排水后形成。

② 层粉质黏土：黄褐色，土质不均匀，局部为淤泥质粉质黏土，含 Fe 质条斑及少量有机质斑点，软塑—流塑，摇振无反应，稍有光滑，干强度中等，韧性中等。

179

图 7.21　东营万达集团宝港国际罐区项目

③ 层粉土：黄褐色，土质较均匀，夹粉质黏土薄层，含少量贝壳碎屑，含 Fe 质条斑，湿，密实，摇振反应迅速，无光泽反应，干强度低，韧性低。

④ 层粉质黏土：黄褐—灰褐色，土质不均匀，含少量有机质及 Fe 质条斑，可塑，摇振无反应，稍有光滑，干强度中等，韧性中等。

④夹层粉土：灰褐色，地层不均匀，湿，密实，摇振反应中等，无光泽反应，干强度低，韧性低。

⑤ 层粉土：灰褐色，地层不均匀，含少量贝壳碎屑，含 Fe 质条斑，湿，密实，摇振反应迅速，无光泽反应，干强度低，韧性低。

⑥ 层粉砂：灰黄色，主要成分以长石、石英为主，含少量贝壳碎屑，颗粒级配良好，湿，密实。

⑦ 层粉质黏土：灰褐色，土质较均匀，可塑，摇振无反应，稍有光滑，干强度中等，韧性中等。

⑧ 层粉土：灰褐色，土质较均匀，含少量贝壳碎屑，含 Fe 质条斑，湿，密实，摇振反应迅速，无光泽反应，干强度低，韧性低。

⑨ 层粉质黏土：灰褐色，土质较均匀，可塑，摇振无反应，稍有光滑，干强度中等，韧性中等。

⑩ 层粉土：灰褐色，土质不均匀，夹粉质黏土薄层，含少量贝壳碎屑，含 Fe 质条斑，湿，密实，摇振反应迅速，无光泽反应，干强度低，韧性低。

7.3.2　试桩基本情况

为检测单桩竖向抗压承载力是否满足设计要求，对单桩竖向抗压静载荷进行抽样检测，抽样数量为 9 根，设计单桩竖向抗压承载力特征值为 1500kN。根据设计要求，对试桩进行 9 根单桩竖向抗压静载荷试验，试验采用慢速维持荷载法。

单桩竖向抗压静载荷试验按《建筑基桩检测技术规范》JGJ 106-2014 进行。试验采用压重平台反力装置，装置包括 630t 千斤顶 1 台，桩基静载和测试分析仪 1 套，高精度油压表 1 个，油压泵 1 台，反力梁 1 根。试验检测方法如下：

1）试验采用慢速维持荷载法，第一级荷载加载量为 600kN，每级加载差为 300kN，每一级荷载下沉量达到稳定标准后再加下一级荷载。

2）沉降稳定标准：每 1h 内桩顶沉降量不超过 0.1mm，并连续出现两次（从分级荷载施加后第 30min 开始，按 1.5h 内连续三次每 30min 的沉降观测值计算），认为已达到相对稳定，可加下一级荷载。

3）沉降观测：每级加载后间隔 5min、15min、30min、45min、60min 测读桩顶沉降量，以后每隔 30min 测读一次。

4）终止加载条件：当出现下列情况之一时，即可终止加载：

（1）某级荷载作用下，桩顶沉降量大于前一级荷载作用下沉降量的 5 倍，且桩顶总沉降量超过 40mm；

（2）某级荷载作用下桩顶沉降量大于前一级荷载作用下沉降量的 2 倍，且经 24h 尚未达到相对稳定标准；

（3）已达到设计要求的最大加载量且桩顶沉降达到相对稳定标准；

（4）当工程桩作锚桩时，锚桩上拔量已达到允许值；

（5）当荷载-沉降曲线呈缓变型时，可加载至桩顶总沉降量 60～80mm；在桩端阻力尚未充分发挥时，可加载至桩顶累计沉降量超过 80mm。

5）卸载与卸载沉降观测：每级卸载值为每级加载值的 2 倍。每级卸载后按 15min、30min、60min 测读桩顶沉降后，即可卸下一级荷载。卸载至零后，应测读桩顶残余沉降量，维持时间为 3h，测读时间为第 15min、30min，以后每隔 30min 测读一次。

7.3.3 试桩结果及分析

单桩竖向抗压静载荷试验结果如表 7.26 所示，单桩静载荷试验加载记录如表 7.27～表 7.35 所示，Q-s 曲线及 s-$\lg Q$ 曲线如图 7.22～图 7.30 所示。

单桩竖向抗压静载荷试验结果   表 7.26

试桩编号	桩型	最大加载量(kN)	最大沉降量(mm)	单桩竖向抗压极限承载力(kN)
D1	管桩	3000	52.62	3000
D2	管桩	2700	53.74	2700
D3	管桩	3000	51.41	3000
D4	管桩	2700	56.61	2700
D5	管桩	2400	53.91	2400
D6	管桩	2700	50.81	2700
D7	竹节桩	2700	53.79	2700
D8	竹节桩	2700	56.37	2700
D9	竹节桩	2700	54.04	2700

1. D1 试桩

D1 试桩加载至 3300kN，桩身总沉降 52.62mm，停止加载。每级荷载、沉降如表 7.27 所示。Q-s 曲线及 s-$\lg Q$ 曲线见图 7.22。

D1 试桩单桩竖向抗压静载荷试验数据　　　　　　　　　　　　　　表 7.27

序号	荷载(kN)	历时(min)		沉降(mm)	
		本级	累计	本级	累计
0	0	0	0	0.00	0.00
1	600	120	120	1.00	1.00
2	900	120	240	0.62	1.62
3	1200	120	360	0.72	2.34
4	1500	120	480	1.23	3.57
5	1800	120	600	1.26	4.83
6	2100	120	720	2.14	6.97
7	2400	120	840	2.11	9.08
8	2700	120	960	1.96	11.04
9	3000	120	1080	2.24	13.28
10	3300	45	1125	39.34	52.62
11	2400	60	1185	−0.56	52.06
12	1800	60	1245	−1.46	50.06
13	1200	60	1305	−1.55	49.05
14	600	60	1365	−2.46	46.59
15	0	180	1545	−3.47	43.12

最大沉降量：52.62mm　　　　　　　　最大回弹量：9.50mm　　　　　　回弹率：18.10%

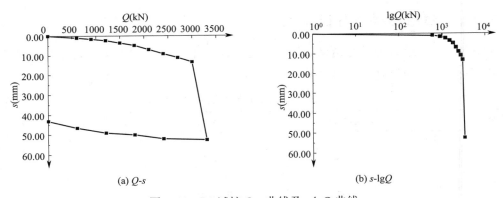

图 7.22　D1 试桩 Q-s 曲线及 s-lgQ 曲线

　　D1 试桩（桩径 500mm，桩长 31m）：按规定荷载级别加载至第一级荷载 600kN 时，桩顶累计沉降量为 1.00mm；加至第五级荷载 1800kN 时，桩顶累计沉降量为 4.83mm；继续加载至第十级荷载 3300kN 时，桩顶本次沉降突然加大为 49.19mm，桩顶累计沉降量达 52.62mm，桩顶的沉降量大于前一级荷载作用下沉降量的 5 倍，且桩顶总沉降量超过 40mm。此时 Q-s 曲线（图 7.22）出现陡降段，桩发生了整体剪切破坏。卸载后桩顶回弹量为 9.50mm，桩顶残余沉降量为 43.12mm，取 3000kN 作为 D1 试桩的单桩竖向承载力极限值。

2. D2 试桩

D2 试桩加载至 3000kN，桩身总沉降 53.74mm，停止加载。每级荷载、沉降如表 7.28 所示。Q-s 曲线及 s-$\lg Q$ 曲线见图 7.23。

表 7.28

D2 试桩单桩竖向抗压静载荷试验数据

序号	荷载(kN)	历时(min)		沉降(mm)	
		本级	累计	本级	累计
0	0	0	0	0.00	0.00
1	600	120	120	1.57	1.57
2	900	120	240	0.84	2.41
3	1200	120	360	1.33	3.74
4	1500	120	480	1.32	5.06
5	1800	120	600	2.32	7.38
6	2100	120	720	2.06	9.44
7	2400	120	840	2.57	12.01
8	2700	120	960	1.47	13.48
9	3000	45	1005	40.26	53.74
10	2400	60	1065	−1.67	52.07
11	1800	60	1125	−3.06	49.01
12	1200	60	1185	−0.07	48.94
13	600	60	1245	−2.43	46.51
14	0	180	1425	−3.49	43.02
最大沉降量:53.74mm		最大回弹量:10.72mm		回弹率:19.90%	

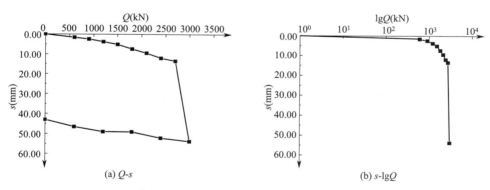

(a) Q-s (b) s-$\lg Q$

图 7.23 D2 试桩 Q-s 曲线及 s-$\lg Q$ 曲线

D2 试桩（桩径 500mm，桩长 31m）：按规定荷载级别加载至第一级荷载 600kN 时，桩顶累计沉降量为 1.57mm；加至第五级荷载 1800kN 时，桩顶累计沉降量为 7.38mm；继续加载至第九级荷载 3000kN 时，桩顶本次沉降突然加大为 40.26mm，桩顶累计沉降量达 53.74mm，桩顶的沉降量大于前一级荷载作用下沉降量的 5 倍，且桩顶总沉降量超过 40mm。此时 Q-s 曲线（图 7.23）出现陡降段，桩发生了整体剪切破坏。卸载后桩顶

183

回弹量为 10.72mm，桩顶残余沉降量为 43.02mm，取 2700kN 作为 D2 试桩的单桩竖向承载力极限值。

3. D3 试桩

D3 试桩加载至 3300kN，桩身总沉降 51.41mm，停止加载。每级荷载、沉降如表 7.29 所示。Q-s 曲线及 s-lg$Q$ 曲线见图 7.24。

D3 试桩单桩竖向抗压静载荷试验数据　　　　表 7.29

序号	荷载(kN)	历时(min)		沉降(mm)	
		本级	累计	本级	累计
0	0	0	0	0.00	0.00
1	600	120	120	2.13	2.13
2	900	120	240	1.31	3.44
3	1200	120	360	1.53	4.97
4	1500	120	480	1.97	6.94
5	1800	120	600	1.78	8.72
6	2100	120	720	1.81	10.53
7	2400	120	840	2.49	13.02
8	2700	120	960	2.04	15.06
9	3000	120	1080	1.59	16.65
10	3300	45	1125	34.76	51.41
11	2400	60	1185	−0.82	50.59
12	1800	60	1245	−1.39	49.20
13	1200	60	1305	−2.43	46.77
14	600	60	1365	−2.35	44.42
15	0	180	1545	−3.72	40.70

最大沉降量：51.41mm　　　　　　最大回弹量：10.71mm　　　　　　回弹率：20.80%

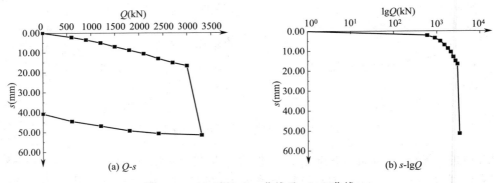

(a) Q-s　　　　　　　(b) s-lg$Q$

图 7.24　D3 试桩 Q-s 曲线及 s-lg$Q$ 曲线

D3 试桩（桩径 500mm，桩长 31m）：按规定荷载级别加载至第一级荷载 600kN 时，桩顶累计沉降量为 2.13mm；加至第五级荷载 1800kN 时，桩顶累计沉降量为 8.72mm；

继续加载至第十级荷载 3300kN 时，桩顶本次沉降突然加大为 34.76mm，桩顶累计沉降量达 51.41mm，桩顶的沉降量大于前一级荷载作用下沉降量的 5 倍，且桩顶总沉降量超过 40mm。此时 Q-s 曲线（图 7.24）出现陡降段，桩发生了整体剪切破坏。卸载后桩顶回弹量为 10.71mm，桩顶残余沉降量为 40.70mm，取 3000kN 作为 D3 试桩的单桩竖向承载力极限值。

4. D4 试桩

D4 试桩加载至 3000kN，桩身总沉降 56.61mm，停止加载。每级荷载、沉降如表 7.30 所示。Q-s 曲线及 s-lg$Q$ 曲线见图 7.25。

D4 试桩单桩竖向抗压静载荷试验数据   表 7.30

序号	荷载(kN)	历时(min)		沉降(mm)	
		本级	累计	本级	累计
0	0	0	0	0.00	0.00
1	600	120	120	2.04	2.04
2	900	120	240	1.20	3.24
3	1200	120	360	1.38	4.62
4	1500	120	480	1.44	6.06
5	1800	120	600	2.31	8.37
6	2100	120	720	1.97	10.34
7	2400	120	840	3.30	13.64
8	2700	120	960	3.07	16.71
9	3000	60	1020	39.90	56.61
10	2400	60	1080	−0.86	55.75
11	1800	60	1140	−1.41	54.34
12	1200	60	1200	−2.43	51.91
13	600	60	1260	−2.29	49.62
14	0	180	1440	−3.45	46.17

最大上拔量:56.61mm   最大回弹量:10.44mm   回弹率:18.40%

D4 试桩（桩径 500mm，桩长 31m）：按规定荷载级别加载至第一级荷载 600kN 时，桩顶累计沉降量为 2.04mm；加至第五级荷载 1800kN 时，桩顶累计沉降量为 8.37mm；继续加载至第九级荷载 3000kN 时，桩顶本次沉降突然加大为 39.90mm，桩顶累计沉降量达 56.61mm，桩顶的沉降量大于前一级荷载作用下沉降量的 5 倍，且桩顶总沉降量超过 40mm。此时 Q-s 曲线（图 7.25）出现陡降段，桩发生了整体剪切破坏。卸载后桩顶回弹量为 10.44mm，桩顶残余沉降量为 46.17mm，取 2700kN 作为 D4 试桩的单桩竖向承载力极限值。

5. D5 试桩

D5 试桩加载至 2700kN，桩身总沉降 53.91mm，停止加载。每级荷载、沉降如表 7.31 所示。Q-s 曲线及 s-lg$Q$ 曲线见图 7.26。

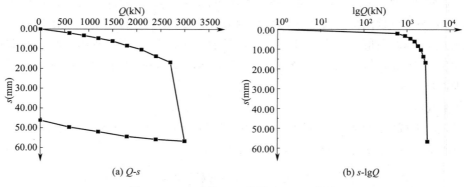

(a) Q-s　　　　　　　　　　　　　　(b) s-lgQ

图 7.25　D4 试桩 Q-s 曲线及 s-lgQ 曲线

D5 试桩单桩竖向抗压静载荷试验数据　　　　　　　　　　表 7.31

序号	荷载(kN)	历时(min)		沉降(mm)	
		本级	累计	本级	累计
0	0	0	0	0.00	0.00
1	600	120	120	1.83	1.83
2	900	120	240	0.85	2.68
3	1200	120	360	1.46	4.14
4	1500	120	480	1.60	5.74
5	1800	120	600	1.88	7.62
6	2100	120	720	3.28	10.90
7	2400	120	840	2.85	13.75
8	2700	45	885	40.16	53.91
9	2400	60	945	−1.23	52.68
10	1800	60	1005	−1.61	51.07
11	1200	60	1065	−1.80	49.27
12	600	60	1125	−2.69	46.58
13	0	180	1305	−4.43	42.15

最大上拔量:53.91mm　　　　　　　　最大回弹量:11.76mm　　　　　　　　回弹率:21.80%

D5 试桩（桩径 500mm，桩长 31m）：按规定荷载级别加载至第一级荷载 600kN 时，桩顶累计沉降量为 1.83mm；加至第五级荷载 1800kN 时，桩顶累计沉降量为 7.62mm；继续加载至第九级荷载 2700kN 时，桩顶本次沉降突然加大为 40.16mm，桩顶累计沉降量达 53.91mm，桩顶的沉降量大于前一级荷载作用下沉降量的 5 倍，且桩顶总沉降量超过 40mm。此时 Q-s 曲线（图 7.26）出现陡降段，桩发生了整体剪切破坏。卸载后桩顶回弹量为 11.76mm，桩顶残余沉降量为 42.15mm，取 2400kN 作为 D5 试桩的单桩竖向承载力极限值。

6. D6 试桩

D6 试桩加载至 3000kN，桩身总沉降 50.81mm，停止加载。每级荷载、沉降如

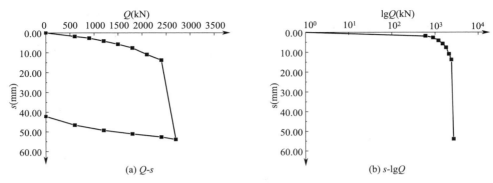

图 7.26 D5 试桩 $Q\text{-}s$ 曲线及 $s\text{-}\lg Q$ 曲线

表 7.32 所示。$Q\text{-}s$ 曲线及 $s\text{-}\lg Q$ 曲线见图 7.27。

D6 试桩单桩竖向抗压静载荷试验数据　　　　　表 7.32

序号	荷载(kN)	历时(min)		沉降(mm)	
		本级	累计	本级	累计
0	0	0	0	0.00	0.00
1	600	120	120	2.19	2.19
2	900	120	240	2.36	4.55
3	1200	120	360	1.28	5.83
4	1500	120	480	2.13	7.96
5	1800	120	600	1.77	9.73
6	2100	120	720	2.86	12.59
7	2400	120	840	2.63	15.22
8	2700	120	960	1.83	17.05
9	3000	45	1005	33.76	50.81
10	2400	60	1065	−0.97	49.84
11	1800	60	1125	−1.46	48.38
12	1200	60	1185	−2.29	46.09
13	600	60	1245	−2.80	43.29
14	0	180	1425	−3.53	39.76
最大上拔量:50.81mm		最大回弹量:11.05mm		回弹率:21.70%	

D6 试桩（桩径 400mm，桩长 31m）：按规定荷载级别加载至第一级荷载 600kN 时，桩顶累计沉降量为 2.19mm；加至第五级荷载 1800kN 时，桩顶累计沉降量为 9.73mm；继续加载至第九级荷载 3000kN 时，桩顶本次沉降突然加大为 33.76mm，桩顶累计沉降量达 50.81mm，桩顶的沉降量大于前一级荷载作用下沉降量的 5 倍，且桩顶总沉降量超过 40mm。此时 $Q\text{-}s$ 曲线（图 7.27）出现陡降段，桩发生了整体剪切破坏。卸载后桩顶回弹量为 11.05mm，桩顶残余沉降量为 39.76mm，取 2700kN 作为 D6 试桩的单桩竖向承载力极限值。

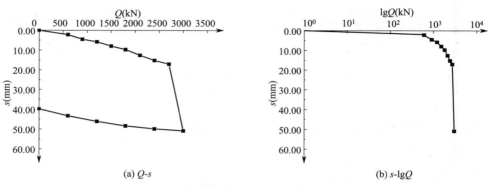

(a) Q-s

(b) s-lgQ

图 7.27　D5 试桩 Q-s 曲线及 s-lgQ 曲线

7. D7 试桩

D7 试桩加载至 3000kN，桩身总沉降 53.79mm，停止加载。每级荷载、沉降如表 7.33 所示。Q-s 曲线及 s-lgQ 曲线见图 7.28。

D7 试桩单桩竖向抗压静载荷试验数据　　　　　　　　　表 7.33

序号	荷载(kN)	历时(min)		沉降(mm)	
		本级	累计	本级	累计
0	0	0	0	0.00	0.00
1	600	120	120	2.29	2.29
2	900	120	240	1.32	3.61
3	1200	120	360	2.07	5.68
4	1500	120	480	1.86	7.54
5	1800	120	600	2.46	10.00
6	2100	120	720	1.77	11.77
7	2400	120	840	2.65	14.42
8	2700	120	960	2.81	17.23
9	3000	45	1005	36.56	53.79
10	2400	60	1065	−0.91	52.88
11	1800	60	1125	−2.09	50.79
12	1200	60	1185	−2.82	47.97
13	600	60	1245	−4.44	43.53
14	0	180	1425	−3.96	39.57

最大上拔量:53.79mm　　　　　　　最大回弹量:14.22mm　　　　　　　回弹率:26.40%

D7 试桩（桩径 400mm，桩长 31m）：按规定荷载级别加载至第一级荷载 600kN 时，桩顶累计沉降量为 2.29mm；加至第五级荷载 1800kN 时，桩顶累计沉降量为 10.00mm；继续加载至第九级荷载 3000kN 时，桩顶本次沉降突然加大为 36.56mm，桩顶累计沉降量达 53.79mm，桩顶的沉降量大于前一级荷载作用下沉降量的 5 倍，且桩顶总沉降量超过 40mm。此时 Q-s 曲线（图 7.28）出现陡降段，桩发生了整体剪切破坏。卸载后桩顶

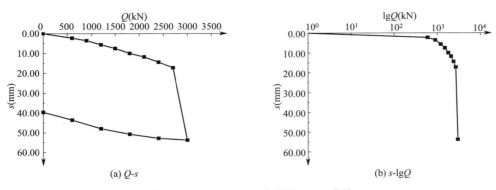

图 7.28 D7 试桩 $Q\text{-}s$ 曲线及 $s\text{-}\lg Q$ 曲线

回弹量为 14.22mm，桩顶残余沉降量为 39.57mm，取 2700kN 作为 D7 试桩的单桩竖向承载力极限值。

8. D8 试桩

D8 试桩加载至 3000kN，桩身总沉降 56.37mm，停止加载。每级荷载、沉降如表 7.34 所示。$Q\text{-}s$ 曲线及 $s\text{-}\lg Q$ 曲线见图 7.29。

D8 试桩单桩竖向抗压静载荷试验数据　　　　　　　表 7.34

序号	荷载(kN)	历时(min)		沉降(mm)	
		本级	累计	本级	累计
0	0	0	0	0.00	0.00
1	600	120	120	1.35	1.35
2	900	120	240	0.67	2.02
3	1200	120	360	0.77	2.79
4	1500	120	480	1.25	4.04
5	1800	120	600	1.26	5.30
6	2100	120	720	2.20	7.50
7	2400	120	840	1.78	9.28
8	2700	120	960	3.12	12.40
9	3000	60	1020	43.57	56.37
10	2400	60	1080	−0.95	55.42
11	1800	60	1140	−1.54	53.88
12	1200	60	1200	−1.86	52.02
13	600	60	1260	−2.53	49.49
14	0	180	1440	−4.14	45.35

最大上拔量:56.37mm　　　　　　最大回弹量:11.02mm　　　　　　回弹率:19.50%

D8 试桩（桩径 400mm，桩长 31m）：按规定荷载级别加载至第一级荷载 600kN 时，桩顶累计沉降量为 1.35mm；加至第五级荷载 1800kN 时，桩顶累计沉降量为 5.30mm；继续加载至第九级荷载 3000kN 时，桩顶本次沉降突然加大为 43.57mm，桩顶累计沉降

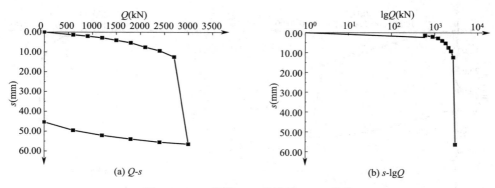

图 7.29　D8 试桩 Q-s 曲线及 s-$\lg Q$ 曲线

量达 56.37mm，桩顶的沉降量大于前一级荷载作用下沉降量的 5 倍，且桩顶总沉降量超过 40mm。此时 Q-s 曲线（图 7.29）出现陡降段，桩发生了整体剪切破坏。卸载后桩顶回弹量为 11.02mm，桩顶残余沉降量为 45.35mm，取 2700kN 作为 D8 试桩的单桩竖向承载力极限值。

9. D9 试桩

D9 试桩加载至 3000kN，桩身总沉降 54.04mm，停止加载。每级荷载、沉降如表 7.35 所示。Q-s 曲线及 s-$\lg Q$ 曲线见图 7.30。

D9 试桩单桩竖向抗压静载荷试验数据　　　　　表 7.35

序号	荷载（kN）	历时（min）		沉降（mm）	
		本级	累计	本级	累计
0	0	0	0	0.00	0.00
1	600	120	120	2.80	2.80
2	900	120	240	1.57	4.37
3	1200	120	360	2.52	6.89
4	1500	120	480	1.44	8.33
5	1800	120	600	2.01	10.34
6	2100	120	720	1.54	11.88
7	2400	120	840	2.53	14.41
8	2700	120	960	3.61	18.02
9	3000	60	1020	36.02	54.04
10	2400	60	1080	−0.96	53.08
11	1800	60	1140	−1.50	51.58
12	1200	60	1200	−1.92	49.66
13	600	60	1260	−2.76	46.90
14	0	180	1440	−3.30	43.60

最大上拔量：54.04mm	最大回弹量：10.44mm	回弹率：19.30%

D9 试桩（桩径 400mm，桩长 31m）：按规定荷载级别加载至第一级荷载 600kN 时，

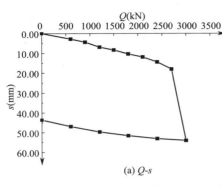
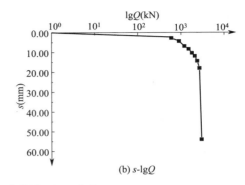

$$\text{(a) } Q\text{-}s \qquad\qquad\qquad \text{(b) } s\text{-}\lg Q$$

图 7.30 D9 试桩 Q-s 曲线及 s-$\lg Q$ 曲线

桩顶累计沉降量为 2.80mm;加至第五级荷载 1800kN 时,桩顶累计沉降量为 10.34mm;继续加载至第九级荷载 3000kN 时,桩顶本次沉降突然加大为 36.02mm,桩顶累计沉降量达 54.04mm,桩顶的沉降量大于前一级荷载作用下沉降量的 5 倍,且桩顶总沉降量超过 40mm。此时 Q-s 曲线(图 7.30)出现陡降段,桩发生了整体剪切破坏。卸载后桩顶回弹量为 10.44mm,桩顶残余沉降量为 43.60mm,取 2700kN 作为 D9 试桩的单桩竖向承载力极限值。

D1(管桩)、D3(管桩)试桩单桩竖向抗压极限承载力为 3000kN;D2(管桩)、D4(管桩)、D6(管桩)、D7(竹节桩)、D8(竹节桩)、D9(竹节桩)试桩单桩竖向抗压极限承载力为 2700kN;D5(管桩)试桩单桩竖向抗压极限承载力为 2400kN。

7.4 异型桩重点工程介绍

7.4.1 工程概况及场地地质情况

本工程为运河亚运公园曲棍球馆(图 7.31),位于杭州石祥路与学院路交叉口西南侧,包含一个乒乓球比赛场馆和全民健身中心以及一个曲棍球比赛场和训练场地,同时在公园内配套建设地下社会停车场、商业配套用房等。工程总建筑面积约 18.9 万 m^2,其中地上建筑面积约 4.8 万 m^2,地下建筑面积约 14.1 万 m^2。该场地各土层物理力学指标性质见表 7.36。

图 7.31 杭州亚运公园曲棍球馆工程

场地土层物理力学指标性质　　　　　　　　　　　　　　表 7.36

土层编号	土层名称	液限 w_L (%)	塑限 w_P (%)	塑性指数 I_P	液性指数 I_L	预制桩		钻孔灌注桩		抗拔系数 λ
						桩周土摩擦力特征值 q_{sa} (kPa)	桩端土承载力特征值 q_{pa} (kPa)	桩周土摩擦力特征值 q_{sa} (kPa)	桩端土承载力特征值 q_{pa} (kPa)	
①₁	杂填土	—	—	—	—	—	—	—	—	—
①₀₁	塘泥	—	—	—	—	—	—	—	—	—
①₁	粉质黏土	36.6	22.0	14.6	0.66	13	—	11	—	—
②₁	粉质黏土	33.6	20.8	12.8	0.70	17	—	15	—	—
②₂	淤泥质黏土	43.5	24.2	19.3	1.24	8	—	6	—	—
③₁	粉质黏土	34.5	21.0	13.5	0.62	25	—	22	—	—
③₂	淤泥质粉质黏土	38.9	22.2	16.7	1.04	9	—	7	—	—
④₁	粉质黏土	34.2	20.6	13.6	0.48	28	700	23	450	—
⑤₁	粉质黏土	34.3	20.6	13.7	0.45	30	800	25	500	—
⑤₁₋₁	含砂粉质黏土	29.9	18.5	11.4	0.51	32	850	26	500	0.6
⑤₂	黏土	45.4	24.8	20.6	0.71	12	650	10	300	0.7
⑥₁		36.6	21.4	14.9	0.46	28	850	22	700	0.7
⑥₃	砾砂	—	—	—	—	35	1800	30	1100	0.6
⑦₁	粉质黏土	36.4	21.2	15.2	0.46	30	1100	25	750	0.7
⑦₂	圆砾	—	—	—	—	38	2200		1600	0.6

　　根据场地工程地质条件，初步设计桩基桩型为钻孔灌注桩，持力层为⑦₂圆砾，桩径为 600mm，桩长约为 40～43m，单桩抗压、抗拔承载力特征值分别为 1600kN、1000kN。

　　考虑到工程施工速度、工程造价等问题，施工图阶段设计为预制异型管桩，桩型为 T-PHC-AB600（560）-110，桩长约为 34～36m，单桩抗压、抗拔承载力特征值分别为 1600kN、550/700kN。

　　曲棍球馆桩位图如图 7.32 所示。

　　为检测单桩竖向抗压、抗拔承载力是否满足设计要求，对桩进行单桩竖向抗压、抗拔静载荷抽样检测，抽样数量为 14 根。根据设计要求，对试桩进行 6 根单桩竖向抗压静载荷试验，对试桩进行 8 根单桩竖向抗拔静载荷试验。

7.4.2　试桩结果与分析

1. 单桩竖向抗压静载荷试验

　　单桩竖向抗压静载荷试验结果如表 7.37 所示，单桩静荷载试验加载记录如表 7.38～表 7.43 所示，Q-s 曲线及 s-$\lg Q$ 曲线如图 7.33～图 7.38 所示。

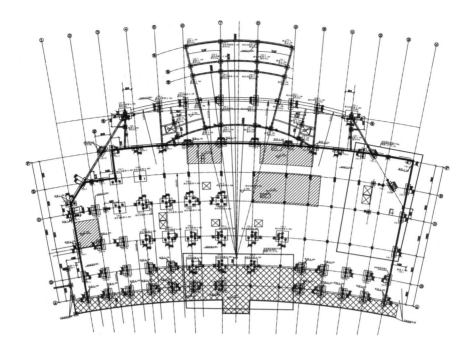

(a) 曲棍球馆看台桩位图

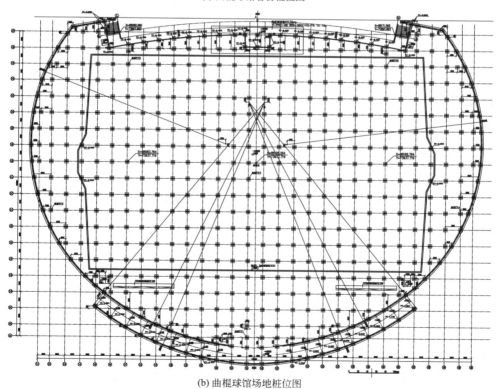

(b) 曲棍球馆场地桩位图

图 7.32　曲棍球馆桩位图

单桩竖向抗压静载荷试验结果　　　　　　　表 7.37

试桩编号	设计承载力特征值(kN)	最大加载量(kN)	最大沉降量(mm)	单桩竖向抗压极限承载力(kN)
A259 号	1550	3200	21.67	3200
A246 号	1550	3200	23.54	3200
A142 号	1550	3300	19.39	3300
A183 号	1550	3300	24.68	3300
SQ52 号	3500	7000	23.22	7000
SQ121 号	3500	7000	21.46	7000

1）A259 号试桩

A259 号试桩加载至 3200kN，桩身总沉降 21.67mm，停止加载。每级荷载、沉降如表 7.38 所示。Q-s 曲线及 s-$\lg Q$ 曲线见图 7.33。

A259 号试桩单桩竖向抗压静载荷试验数据　　　　　　　表 7.38

序号	荷载(kN)	历时(min)		沉降(mm)	
		本级	累计	本级	累计
0	0	0	0	0.00	0.00
1	640	60	60	1.64	1.64
2	960	60	120	1.37	3.01
3	1280	60	180	1.84	4.85
4	1600	60	240	2.14	6.99
5	1920	60	300	2.69	9.68
6	2240	60	360	2.41	12.09
7	2560	60	420	2.82	14.91
8	2880	60	480	3.19	18.10
9	3200	60	540	3.57	21.67
10	2560	15	555	−0.82	20.85
11	1920	15	570	−1.16	19.69
12	1280	15	585	−1.45	18.24
13	640	15	600	−2.17	16.07
14	0	60	660	−2.58	13.49

最大沉降量：21.67mm　　　　　最大回弹量：8.18mm　　　　　回弹率：37.7%

A259 号试桩（桩径 600mm，桩长 42m）：按规定荷载级别加载至第一级荷载 640kN 时，桩顶累计沉降量为 1.64mm；加载至第五级荷载 1920kN 时，桩顶累计沉降量为 9.68mm；继续加载至第九级荷载 3200kN 时，桩顶累计沉降量达 21.67mm，此时 Q-s 曲线（图 7.33）未出现陡降段，卸载后桩顶回弹量为 8.18mm，桩顶残余沉降量为 13.49mm，取 3200kN 作为 A259 号试桩的单桩竖向承载力极限值。

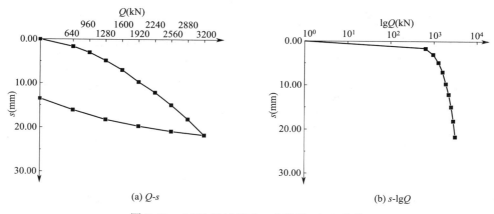

(a) Q-s 　　　　　　　　　　　　　(b) s-lg$Q$

图 7.33　A259 号试桩 Q-s 曲线及 s-lg$Q$ 曲线

2）A246 号试桩

A246 号试桩加载至 3200kN，桩身总沉降 23.54mm，停止加载。每级荷载、沉降如表 7.39 所示。Q-s 曲线及 s-lg$Q$ 曲线见图 7.34。

A246 号试桩单桩竖向抗压静载荷试验数据　　　　　　　　　　表 7.39

序号	荷载（kN）	历时（min）		沉降（mm）	
		本级	累计	本级	累计
0	0	0	0	0.00	0.00
1	640	60	60	1.58	1.58
2	960	60	120	1.51	3.09
3	1280	60	180	1.68	4.77
4	1600	60	240	2.28	7.05
5	1920	60	300	2.96	10.01
6	2240	60	360	2.52	12.53
7	2560	60	420	3.10	15.63
8	2880	60	480	3.73	19.36
9	3200	60	540	4.18	23.54
10	2560	15	555	−0.66	22.88
11	1920	15	570	−0.95	21.93
12	1280	15	585	−1.25	20.68
13	640	15	600	−1.82	18.86
14	0	60	660	−2.94	15.92
最大沉降量：23.54mm		最大回弹量：7.62mm			回弹率：32.4%

A246 号试桩（桩径 600mm，桩长 42m）：按规定荷载级别加载至第一级荷载 640kN 时，桩顶累计沉降量为 1.28mm；加载至第五级荷载 1920kN 时，桩顶累计沉降量为 10.01mm；继续加载至第九级荷载 3200kN 时，桩顶累计沉降量达 23.54mm，此时 Q-s 曲线（图 7.34）未出现陡降段，卸载后桩顶回弹量为 7.62mm，桩顶残余沉降量为

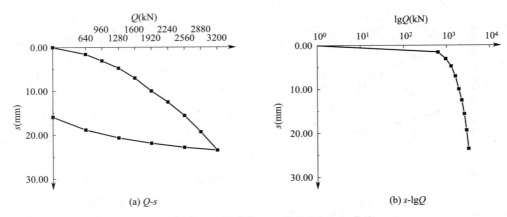

图 7.34　A246 号试桩 Q-s 曲线及 s-lg$Q$ 曲线

15.92mm，取 3200kN 作为 A246 号试桩的单桩竖向承载力极限值。

3）A142 号试桩

A142 号试桩加载至 3200kN，桩身总沉降 19.39mm，停止加载。每级荷载、沉降如表 7.40 所示。Q-s 曲线及 s-lg$Q$ 曲线见图 7.35。

A142 号试桩单桩竖向抗压静载荷试验数据　　　　　　　　表 7.40

序号	荷载（kN）	历时（min）		沉降（mm）	
		本级	累计	本级	累计
0	0	0	0	0.00	0.00
1	660	60	60	1.32	1.32
2	990	60	120	0.87	2.19
3	1320	60	180	1.32	3.51
4	1650	60	240	1.65	5.16
5	1980	60	300	2.14	7.30
6	2310	60	360	2.79	10.09
7	2640	60	420	2.61	12.70
8	2970	60	480	3.06	15.76
9	3300	60	540	3.63	19.39
10	2640	15	555	−0.84	18.55
11	1980	15	570	−0.73	17.82
12	1320	15	585	−1.23	16.59
13	660	15	600	−1.84	14.75
14	0	60	660	−2.62	12.13

最大沉降量：19.39mm　　　　　　最大回弹量：7.26mm　　　　　　回弹率：37.4%

A142 号试桩（桩径 600mm，桩长 42m）：按规定荷载级别加载至第一级荷载 660kN 时，桩顶累计沉降量为 1.32mm；加载至第五级荷载 1980kN 时，桩顶累计沉降量为 7.30mm；继续加载至第九级荷载 3300kN 时，桩顶累计沉降量达 19.39mm，此时 Q-s 曲

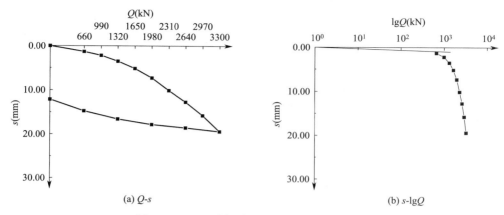

图 7.35 A142 号试桩 Q-s 曲线及 s-$\lg Q$ 曲线

线（图 7.35）未出现陡降段，卸载后桩顶回弹量为 7.26mm，桩顶残余沉降量为 12.13mm，取 3300kN 作为 A142 号试桩的单桩竖向承载力极限值。

4）A183 号试桩

A183 号试桩加载至 3300kN，桩身总沉降 24.68mm，停止加载。每级荷载、沉降如表 7.41 所示。Q-s 曲线及 s-$\lg Q$ 曲线见图 7.36。

A183 号试桩单桩竖向抗压静载荷试验数据　　　　表 7.41

序号	荷载（kN）	历时（min）		沉降（mm）	
		本级	累计	本级	累计
0	0	0	0	0.00	0.00
1	640	60	60	1.46	1.46
2	960	60	120	1.04	2.50
3	1280	60	180	1.37	3.87
4	1600	60	240	1.84	5.71
5	1920	60	300	2.25	7.96
6	2240	60	360	2.77	10.73
7	2560	60	420	3.19	13.92
8	2880	60	480	3.71	17.63
9	3200	60	540	4.19	21.82
10	3300	60	600	2.86	24.68
11	2560	15	615	−2.20	22.48
12	1920	15	630	−1.32	21.16
13	1280	15	645	−1.66	19.50
14	640	15	660	−2.09	17.41
15	0	60	720	−2.59	14.82

最大沉降量：24.68mm　　　　最大回弹量：9.86mm　　　　回弹率：40.0%

A183 号试桩（桩径 600mm，桩长 42m）：按规定荷载级别加载至第一级荷载 640kN

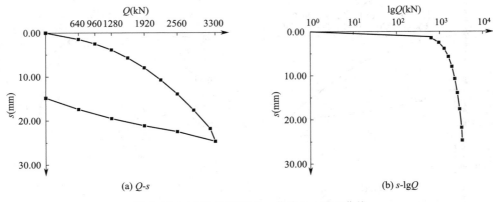

图 7.36　A183 号试桩 Q-s 曲线及 s-$\lg Q$ 曲线

时，桩顶累计沉降量为 1.46mm；加载至第五级荷载 1920kN 时，桩顶累计沉降量为 7.96mm；继续加载至第九级荷载 3300kN 时，桩顶累计沉降量达 24.68mm，此时 Q-s 曲线（图 7.36）未出现陡降段，卸载后桩顶回弹量为 9.86mm，桩顶残余沉降量为 14.82mm，取 3300kN 作为 A183 号试桩的单桩竖向承载力极限值。

5) SQ52 号试桩

SQ52 号试桩加载至 7000kN，桩身总沉降 23.22mm，停止加载。每级荷载、沉降如表 7.42 所示。Q-s 曲线及 s-$\lg Q$ 曲线见图 7.37。

SQ52 号试桩单桩竖向抗压静载荷试验数据　　　　　　　　表 7.42

序号	荷载(kN)	历时(min)		沉降(mm)	
		本级	累计	本级	累计
0	0	0	0	0.00	0.00
1	1400	120	120	1.45	1.45
2	2100	120	240	1.05	2.50
3	2800	120	360	1.69	4.19
4	3500	120	480	2.25	6.44
5	4200	120	600	3.19	9.63
6	4900	120	720	2.77	12.40
7	5600	120	840	3.17	15.57
8	6300	120	960	3.68	19.25
9	7000	120	1080	3.97	23.22
10	5600	60	1140	−0.98	22.24
11	4200	60	1200	−1.36	20.88
12	2800	60	1260	−1.58	19.30
13	1400	60	1320	−1.99	17.31
14	0	180	1500	−2.68	14.63

最大沉降量:23.22mm　　　　　　　最大回弹量:8.59mm　　　　　　　回弹率:37.0%

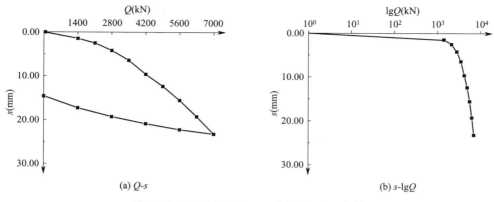

图 7.37　SQ52 号试桩 Q-s 曲线及 s-lgQ 曲线

SQ52 号试桩（桩径 800mm，桩长 52.8m）：按规定荷载级别加载至第一级荷载 1400kN 时，桩顶累计沉降量为 1.45mm；加载至第五级荷载 4200kN 时，桩顶累计沉降量为 9.63mm；继续加载至第九级荷载 7000kN 时，桩顶累计沉降量达 23.22mm，此时 Q-s 曲线（图 7.37）未出现陡降段，卸载后桩顶回弹量为 8.59mm，桩顶残余沉降量为 14.63mm，取 7000kN 作为 SQ52 号试桩的单桩竖向承载力极限值。

6）SQ121 号试桩

SQ121 号试桩加载至 7000kN，桩身总沉降 21.46mm，停止加载。每级荷载、沉降如表 7.43 所示。Q-s 曲线及 s-lgQ 曲线见图 7.38。

SQ121 号试桩单桩竖向抗压静载荷试验数据　　　　　　　　表 7.43

序号	荷载（kN）	历时（min）		沉降（mm）	
		本级	累计	本级	累计
0	0	0	0	0.00	0.00
1	1400	120	120	0.97	0.97
2	2100	120	240	1.12	2.09
3	2800	120	360	1.44	3.53
4	3500	120	480	1.87	5.40
5	4200	120	600	2.34	7.74
6	4900	120	720	2.78	10.52
7	5600	120	840	3.21	13.73
8	6300	120	960	3.61	17.34
9	7000	120	1080	4.12	21.46
10	5600	60	1140	−0.87	20.59
11	4200	60	1200	−1.35	19.24
12	2800	60	1260	−1.70	17.54
13	1400	60	1320	−2.11	15.43
14	0	180	1500	−2.60	12.83
最大沉降量：21.46mm		最大回弹量：8.63mm			回弹率：40.2%

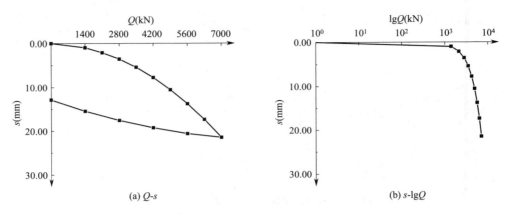

图 7.38　SQ121 号试桩 Q-s 曲线及 s-$\lg Q$ 曲线

SQ121 号试桩（桩径 800mm，桩长 54.75m）：按规定荷载级别加载至第一级荷载 1400kN 时，桩顶累计沉降量为 0.97mm；加载至第五级荷载 4200kN 时，桩顶累计沉降量为 7.74mm；继续加载至第九级荷载 7000kN 时，桩顶累计沉降量达 21.46mm，此时 Q-s 曲线（图 7.38）未出现陡降段，卸载后桩顶回弹量为 8.63mm，桩顶残余沉降量为 12.83mm，取 7000kN 作为 SQ121 号试桩的单桩竖向承载力极限值。

经对亚运公园工程曲棍球馆的 6 根桩的单桩竖向抗压静载荷试验表明：

1）A259 号桩的单桩竖向抗拔极限承载力为 3200kN，在 3200kN 荷载作用下对应的桩顶沉降量为 21.67mm，满足设计要求。

2）A246 号桩的单桩竖向抗拔极限承载力为 3200kN，在 3200kN 荷载作用下对应的桩顶沉降量为 23.54mm，满足设计要求。

3）A142 号桩的单桩竖向抗拔极限承载力为 3300kN，在 3300kN 荷载作用下对应的桩顶沉降量为 19.39mm，满足设计要求。

4）A183 号桩的单桩竖向抗拔极限承载力为 3300kN，在 3300kN 荷载作用下对应的桩顶沉降量为 24.68mm，满足设计要求。

5）SQ52 号桩的单桩竖向抗拔极限承载力为 7000kN，在 7000kN 荷载作用下对应的桩顶沉降量为 23.22mm，满足设计要求。

6）SQ121 号桩的单桩竖向抗拔极限承载力为 7000kN，在 7000kN 荷载作用下对应的桩顶沉降量为 21.46mm，满足设计要求。

2. 单桩竖向抗拔静载荷试验

单桩竖向抗压静载荷试验结果如表 7.44 所示，单桩静荷载试验加载记录如表 7.45～表 7.52 所示，U-δ 曲线及 δ-$\lg U$ 曲线如图 7.39～图 7.46 所示。

单桩竖向抗压静载荷试验结果			表 7.44
试桩编号	设计承载力特征值（kN）	最大加载量（kN）	最大沉降量（mm）	单桩竖向抗压极限承载力（kN）
A4 号	650	1400	10.50	1400
A78 号	650	1400	9.67	1400

试桩编号	设计承载力特征值(kN)	最大加载量(kN)	最大沉降量(mm)	单桩竖向抗压极限承载力(kN)
A30 号	650	1400	10.50	1400
SQ1 号	800	1600	12.45	1600
SQ98 号	800	1600	9.63	1600
81 号	700	1500	11.18	1500
484 号	700	1500	8.71	1500
167 号	700	1500	8.10	1500

1）A4 号试桩

A4 号试桩加载至 1400kN，最大上拔量为 10.50mm，停止加载。每级荷载、上拔量如表 7.45 所示。U-δ 曲线及 δ-lg$U$ 曲线见图 7.39。

A4 号试桩单桩竖向抗拔静载荷试验数据　　　　　　　　　　表 7.45

序号	荷载(kN)	历时(min)		沉降(mm)	
		本级	累计	本级	累计
0	0	0	0	0.00	0.00
1	280	120	120	0.56	0.56
2	420	120	240	0.42	0.98
3	560	120	360	0.59	1.57
4	700	120	480	0.77	2.34
5	840	120	600	1.03	3.37
6	980	120	720	1.30	4.67
7	1120	120	840	1.61	6.28
8	1260	120	960	1.94	8.22
9	1400	120	1080	2.28	10.50
10	1120	60	1140	−0.35	10.15
11	840	60	1200	−0.30	9.85
12	560	60	1260	−0.53	9.32
13	280	60	1320	−0.95	8.37
14	0	180	1500	−1.51	6.86

最大上拔量:10.50mm　　　　　最大回弹量:3.64mm　　　　　回弹率:34.7%

A4 号试桩（桩径 600mm，桩长 37m）：按规定荷载级别加载至第一级荷载 280kN 时，桩顶累计上拔量为 0.56mm；加载至第五级荷载 840kN 时，桩顶累计上拔量为 3.37mm；继续加载至第九级荷载 1400kN 时，桩顶累计上拔量达 10.50mm，此时 U-δ 曲线（图 7.39）未发生突变，卸载后桩顶回弹量为 3.64mm，桩顶残余上拔量为 6.86mm，取 1400kN 作为 A4 号试桩的单桩抗拔承载力极限值。

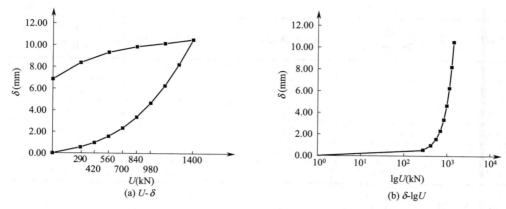

图 7.39 A4 号试桩 U-δ 曲线及 δ-lg$U$ 曲线

2）A78 号试桩

A78 号试桩加载至 1400kN，最大上拔量为 9.67mm，停止加载。每级荷载、上拔量如表 7.46 所示。U-δ 曲线及 δ-lg$U$ 曲线见图 7.40。

A78 号试桩单桩竖向抗拔静载荷试验数据　　　　　　表 7.46

序号	荷载（kN）	历时（min）		沉降（mm）	
		本级	累计	本级	累计
0	0	0	0	0.00	0.00
1	280	120	120	0.49	0.49
2	420	120	240	0.37	0.86
3	560	120	360	0.51	1.37
4	700	120	480	0.70	2.07
5	840	120	600	1.03	3.10
6	980	120	720	1.31	4.41
7	1120	120	840	1.55	5.96
8	1260	120	960	1.72	7.68
9	1400	120	1080	1.99	9.67
10	1120	60	1140	−0.31	9.36
11	840	60	1200	−0.41	8.95
12	560	60	1260	−0.53	8.42
13	280	60	1320	−0.96	7.46
14	0	180	1500	−1.54	5.92

最大上拔量：9.67mm　　　　　　最大回弹量：3.75mm　　　　　　回弹率：38.8%

A78 号试桩（桩径 600mm，桩长 42m）：按规定荷载级别加载至第一级荷载 280kN 时，桩顶累计上拔量为 0.49mm；加载至第五级荷载 840kN 时，桩顶累计上拔量为 3.10mm；继续加载至第九级荷载 1400kN 时，桩顶累计上拔量达 9.67mm，此时 U-δ 曲线（图 7.40）未发生突变，卸载后桩顶回弹量为 3.75mm，桩顶残余上拔量为 5.92mm，

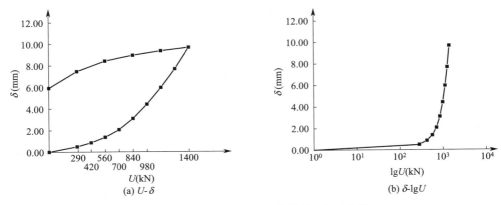

图 7.40 A78 号试桩 U-δ 曲线及 δ-lg$U$ 曲线

取 1400kN 作为 A78 号试桩的单桩抗拔承载力极限值。

3）A30 号试桩

A30 号试桩加载至 1400kN，最大上拔量为 10.50mm，停止加载。每级荷载、上拔量如表 7.47 所示。U-δ 曲线及 δ-lg$U$ 曲线见图 7.41。

A30 号试桩单桩竖向抗拔静载荷试验数据 表 7.47

序号	荷载（kN）	历时（min）		沉降（mm）	
		本级	累计	本级	累计
0	0	0	0	0.00	0.00
1	280	120	120	0.56	0.56
2	420	120	240	0.42	0.98
3	560	120	360	0.59	1.57
4	700	120	480	0.77	2.34
5	840	120	600	1.03	3.37
6	980	120	720	1.30	4.67
7	1120	120	840	1.61	6.28
8	1260	120	960	1.94	8.22
9	1400	120	1080	2.28	10.50
10	1120	60	1140	−0.35	10.15
11	840	60	1200	−0.30	9.85
12	560	60	1260	−0.53	9.32
13	280	60	1320	−0.95	8.37
14	0	180	1500	−1.51	6.86
最大上拔量：10.50mm		最大回弹量：3.64mm		回弹率：34.7%	

A30 号试桩（桩径 600mm，桩长 42m）：按规定荷载级别加载至第一级荷载 280kN 时，桩顶累计上拔量为 0.56mm；加载至第五级荷载 840kN 时，桩顶累计上拔量为 3.37mm；继续加载至第九级荷载 1400kN 时，桩顶累计上拔量达 10.50mm，此时 U-δ 曲

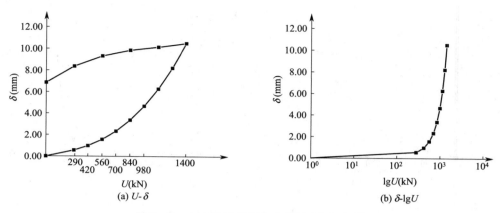

图 7.41　A30 号试桩 U-δ 曲线及 δ-lg$U$ 曲线

线（图 7.41）未发生突变，卸载后桩顶回弹量为 3.64mm，桩顶残余上拔量为 6.86mm，取 1400kN 作为 A30 号试桩的单桩抗拔承载力极限值。

4）SQ1 号试桩

SQ1 号试桩加载至 1600kN，最大上拔量为 12.45mm，停止加载。每级荷载、上拔量如表 7.48 所示。U-δ 曲线及 δ-lg$U$ 曲线见图 7.42。

SQ1 号试桩单桩竖向抗拔静载荷试验数据　　表 7.48

序号	荷载(kN)	历时(min)		沉降(mm)	
		本级	累计	本级	累计
0	0	0	0	0.00	0.00
1	320	120	120	0.45	0.45
2	480	120	240	0.80	1.25
3	640	120	360	1.03	2.28
4	800	120	480	1.09	3.37
5	960	120	600	1.53	4.90
6	1120	120	720	1.31	6.21
7	1280	120	840	1.86	8.07
8	1440	120	960	2.00	10.07
9	1600	120	1080	2.38	12.45
10	1280	60	1140	−0.36	12.09
11	960	60	1200	−0.64	11.45
12	640	60	1260	−0.83	10.62
13	320	60	1320	−1.26	9.36
14	0	180	1500	−1.86	7.50

最大上拔量:12.45mm	最大回弹量:4.95mm	回弹率:39.8%

SQ1 号试桩（桩径 800mm，桩长 56.05m）：按规定荷载级别加载至第一级荷载 320kN 时，桩顶累计上拔量为 0.45mm；加载至第五级荷载 960kN 时，桩顶累计上拔量

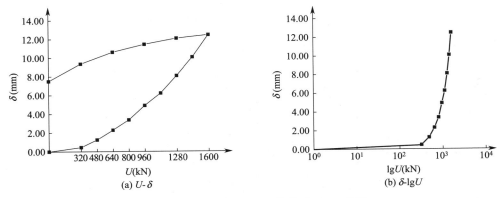

图 7.42 SQ1 号试桩 U-δ 曲线及 δ-lg$U$ 曲线

为 4.90mm；继续加载至第九级荷载 1600kN 时，桩顶累计上拔量达 12.45mm，此时 U-δ 曲线（图 7.42）未发生突变，卸载后桩顶回弹量为 4.95mm，桩顶残余上拔量为 7.50mm，取 1600kN 作为 SQ1 号试桩的单桩抗拔承载力极限值。

　　5）SQ98 号试桩

　　SQ98 号试桩加载至 1600kN，最大上拔量为 9.63mm，停止加载。每级荷载、上拔量如表 7.49 所示。U-δ 曲线及 δ-lg$U$ 曲线见图 7.43。

SQ98 号试桩单桩竖向抗拔静载荷试验数据　　　　表 7.49

序号	荷载(kN)	历时(min)		沉降(mm)	
		本级	累计	本级	累计
0	0	0	0	0.00	0.00
1	320	120	120	0.47	0.47
2	480	120	240	0.37	0.84
3	640	120	360	0.51	1.35
4	800	120	480	0.69	2.04
5	960	120	600	1.03	3.07
6	1120	120	720	1.30	4.37
7	1280	120	840	1.52	5.89
8	1440	120	960	1.72	7.61
9	1600	120	1080	2.02	9.63
10	1280	60	1140	−0.31	9.32
11	960	60	1200	−0.42	8.90
12	640	60	1260	−0.54	8.36
13	320	60	1320	−0.95	7.41
14	0	180	1500	−1.45	5.96
最大上拔量:9.63mm		最大回弹量:3.67mm			回弹率:38.1%

　　SQ98 号试桩（桩径 800mm，桩长 54.85m）：按规定荷载级别加载至第一级荷载

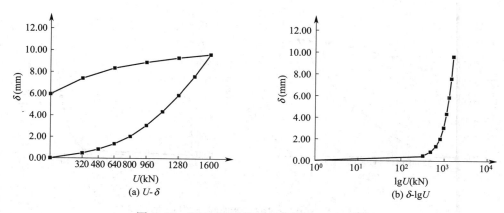

图 7.43　SQ98 号试桩 U-δ 曲线及 δ-$\lg U$ 曲线

320kN 时，桩顶累计上拔量为 0.47mm；加载至第五级荷载 960kN 时，桩顶累计上拔量为 3.07mm；继续加载至第九级荷载 1600kN 时，桩顶累计上拔量达 9.63mm，此时 U-δ 曲线（图 7.43）未发生突变，卸载后桩顶回弹量为 3.67mm，桩顶残余上拔量为 5.96mm，取 1600kN 作为 SQ98 号试桩的单桩抗拔承载力极限值。

6）81 号试桩

81 号试桩加载至 1500kN，最大上拔量为 11.18mm，停止加载。每级荷载、上拔量如表 7.50 所示。U-δ 曲线及 δ-$\lg U$ 曲线见图 7.44。

81 号试桩单桩竖向抗拔静载荷试验数据　　　　　表 7.50

序号	荷载(kN)	历时(min)		沉降(mm)	
		本级	累计	本级	累计
0	0	0	0	0.00	0.00
1	300	120	120	0.36	0.36
2	450	120	240	0.57	0.93
3	600	120	360	0.93	1.86
4	750	120	480	1.10	2.96
5	900	120	600	1.00	3.96
6	1050	120	720	1.26	5.22
7	1200	120	840	1.57	6.79
8	1350	120	960	1.77	8.56
9	1500	120	1080	2.62	11.18
10	1200	60	1140	−0.39	10.79
11	900	60	1200	−0.61	10.18
12	600	60	1260	−0.82	9.36
13	300	60	1320	−0.75	8.61
14	0	180	1500	−1.32	7.29

最大上拔量：11.18mm　　　　　最大回弹量：3.89mm　　　　　回弹率：34.8%

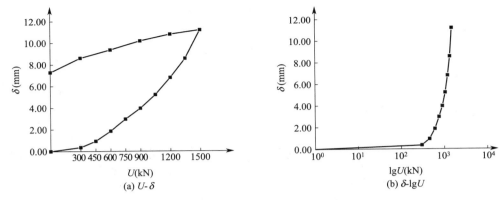

图 7.44　SQ98 号试桩 U-δ 曲线及 δ-lg$U$ 曲线

81 号试桩（桩径 800mm，桩长 54.85m）：按规定荷载级别加载至第一级荷载 320kN 时，桩顶累计上拔量为 0.47mm；加载至第五级荷载 960kN 时，桩顶累计上拔量为 3.07mm；继续加载至第九级荷载 1600kN 时，桩顶累计上拔量达 9.63mm，此时 U-δ 曲线（图 7.44）未发生突变，卸载后桩顶回弹量为 3.67mm，桩顶残余上拔量为 5.96mm，取 1600kN 作为 81 号试桩的单桩抗拔承载力极限值。

7）484 号试桩

484 号试桩加载至 1500kN，最大上拔量为 13.83mm，停止加载。每级荷载、上拔量如表 7.51 所示。U-δ 曲线及 δ-lg$U$ 曲线见图 7.45。

484 号试桩单桩竖向抗拔静载荷试验数据　　　　　　　表 7.51

序号	荷载(kN)	历时(min)		沉降(mm)	
		本级	累计	本级	累计
0	0	0	0	0.00	0.00
1	280	120	120	0.36	0.36
2	420	120	240	0.58	0.94
3	560	120	360	0.83	1.77
4	700	120	480	0.99	2.76
5	840	120	600	1.18	3.94
6	980	120	720	1.48	5.42
7	1120	120	840	1.82	7.24
8	1260	120	960	1.68	8.92
9	1400	120	1080	1.92	10.84
10	1500	120	1200	2.99	13.83
11	1120	60	1260	−1.57	12.26
12	840	60	1320	−0.56	11.70
13	560	60	1400	−0.91	10.79
14	280	60	1440	−0.89	9.90
15	0	180	1620	−1.19	8.71
最大上拔量：13.83mm		最大回弹量：5.12mm		回弹率：37.0%	

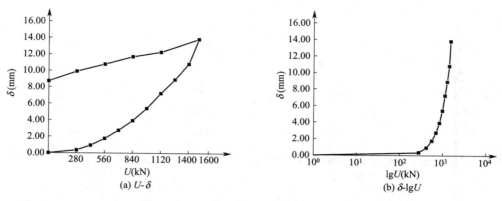

图 7.45　484 号试桩 U-δ 曲线及 δ-lg$U$ 曲线

484 号试桩（桩径 800mm，桩长 40m）：按规定荷载级别加载至第一级荷载 300kN 时，桩顶累计上拔量为 0.36mm；加载至第五级荷载 900kN 时，桩顶累计上拔量为 3.96mm；继续加载至第九级荷载 1500kN 时，桩顶累计上拔量达 11.18mm，此时 U-δ 曲线（图 7.45）未发生突变，卸载后桩顶回弹量为 3.89mm，桩顶残余上拔量为 7.29mm，取 1500kN 作为 484 号试桩的单桩抗拔承载力极限值。

8）467 号试桩

467 号试桩加载至 1500kN，最大上拔量为 13.82mm，停止加载。每级荷载、上拔量如表 7.52 所示。U-δ 曲线及 δ-lg$U$ 曲线见图 7.46。

467 号试桩单桩竖向抗拔静载荷试验数据　　　　表 7.52

序号	荷载(kN)	历时(min)		沉降(mm)	
		本级	累计	本级	累计
0	0	0	0	0.00	0.00
1	280	120	120	0.49	0.49
2	420	120	240	0.39	0.88
3	560	120	360	0.54	1.42
4	700	120	480	0.77	2.19
5	840	120	600	1.08	3.27
6	980	120	720	1.34	4.61
7	1120	120	840	1.67	6.28
8	1260	120	960	1.90	8.18
9	1400	120	1080	2.23	10.41
10	1500	120	1200	3.41	13.82
11	1120	60	1260	−2.15	11.67
12	840	60	1320	−0.42	11.25
13	560	60	1400	−0.78	10.47
14	280	60	1440	−1.10	9.37
15	0	180	1620	−1.27	8.10

最大上拔量:13.82mm	最大回弹量:5.72mm	回弹率:41.4%

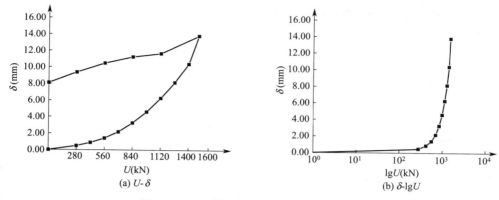

图 7.46　467 号试桩 U-δ 曲线及 δ-$\lg U$ 曲线

467 号试桩（桩径 800mm，桩长 40m）：按规定荷载级别加载至第一级荷载 300kN 时，桩顶累计上拔量为 0.49mm；加载至第五级荷载 840kN 时，桩顶累计上拔量为 3.27mm；继续加载至第十级荷载 1500kN 时，桩顶累计上拔量达 13.82mm，此时 U-δ 曲线（图 7.46）未发生突变，卸载后桩顶回弹量为 5.72mm，桩顶残余上拔量为 8.10mm，取 1500kN 作为 467 号试桩的单桩抗拔承载力极限值。

经对亚运公园工程曲棍球馆的 8 根桩的单桩竖向抗拔静载荷试验表明：

1）A4 号桩的单桩竖向抗拔极限承载力为 1400kN，在 1400kN 荷载作用下对应的桩顶上拔量为 10.50mm，满足设计要求。

2）A78 号桩的单桩竖向抗拔极限承载力为 1400kN，在 1400kN 荷载作用下对应的桩顶上拔量为 9.67mm，满足设计要求。

3）A30 号桩的单桩竖向抗拔极限承载力为 1400kN，在 1400kN 荷载作用下对应的桩顶上拔量为 10.50mm，满足设计要求。

4）SQ1 号桩的单桩竖向抗拔极限承载力为 1600kN，在 1600kN 荷载作用下对应的桩顶上拔量为 12.45mm，满足设计要求。

5）SQ98 号桩的单桩竖向抗拔极限承载力为 1600kN，在 1600kN 荷载作用下对应的桩顶上拔量为 9.63mm，满足设计要求。

6）81 号桩的单桩竖向抗拔极限承载力为 1500kN，在 1500kN 荷载作用下对应的桩顶上拔量为 11.18mm，满足设计要求。

7）484 号桩的单桩竖向抗拔极限承载力为 1500kN，在 1500kN 荷载作用下对应的桩顶上拔量为 13.83mm，满足设计要求。

8）467 号桩的单桩竖向抗拔极限承载力为 1500kN，在 1500kN 荷载作用下对应的桩顶上拔量为 13.82mm，满足设计要求。

第 8 章 总结与展望

8.1 总结

基于传统先张法预应力混凝土管桩、方桩在生产制作、施工、承载性状方面存在诸多缺点，按照"坚固、防腐、创新、节能、节源、环保"的理念，开发了纵向变截面的螺锁式机械连接预应力混凝土异型桩（异型管桩、方桩）。本书介绍了在螺锁式机械连接预应力异型桩力学性能、承载性能、耐久性、生产、设计、施工、应用等方面进行的研究，主要研究成果如下：

1）新型、可靠、施工快速的预制桩螺锁式机械连接装置，采用卡扣式机械连接和专用材料密封接桩，解决了传统管桩现场焊接带来的可靠性不足等问题，提高了接桩质量和接桩效率。该装置主要由大小连接套、插杆、卡片、卡簧、中间螺帽、垫片组成，桩端面螺丝孔的间距误差控制在 0.2mm 范围内，同时开发一种新型的端面安放密封材料，对接头起到防腐蚀作用。该接头能保证上下桩的垂直连接，无需电焊焊接，可做到无污染，保证接头质量，有利于上下节桩在沉桩施工时力的直接传递，现场接桩速度快。

2）螺锁式无端板预应力混凝土异型桩生产工艺。将普通管桩设计为有纵向肋和环向肋的凹凸型管桩，并解决生产制作过程中的核心难题：①取消传统管桩的端板及桩套箍；②设计张拉螺丝直接固定在主筋镦头处的连接套上，能延长张拉螺丝的使用寿命；③开发外圆扣拉方式的张拉锚固装置；④研制一套加工内衬板模具的设备。研发的螺锁式异型管桩取消端板和桩箍套，直接节约钢材 95%，使得管桩生产总成本降低 10% 以上。

3）螺锁式无端板预应力混凝土异型桩及机械连接接头耐久性。在相同的腐蚀环境和腐蚀时间下，先张法预应力混凝土管桩的抗拉承载力下降 30%～50% 时，螺锁式异型桩的抗拉承载力下降低于 6%，先张法预应力混凝土管桩的破坏形态会由桩身拉断破坏转变为端头连接接缝破坏，而螺锁式异型管桩的破坏形态仍表现为桩身拉断破坏；先张法预应力混凝土管桩的抗剪承载力下降 30%～43% 时，螺锁式异型管桩接头处抗剪承载力仅下降 9%～10%；先张法预应力混凝土管桩的破坏形态为端头连接端剪切破坏，而螺锁式异型管桩的破坏形态仍表现为桩身剪切破坏。

4）螺锁式无端板预应力混凝土异型桩承载性状。通过在桩身设置环向肋和纵向肋，扩大桩土接触面，能有效改善受压和抗拔承载性能。桩径、桩长相同时，与传统管桩相比，螺锁式异型管桩的单桩竖向抗压极限承载力提高 10% 以上；竖向抗拔极限承载力一般提高 30% 以上，最高可达 70% 以上。

螺锁式机械连接预应力混凝土异型桩能有效解决焊接接头存在的问题以及作为抗拔桩应用受限问题，同时能有效降低生产制作成本、提高单桩承载力和耐久性，达到节能减排的效果。与传统管（方）桩相比，螺锁式异型管（方）桩可节约直接成本 20%～30%；在同等桩径条件下，每米的综合造价降低约 20 元以上，以年生产 300 万 m 计，可综合节

210

约成本6000万元以上。工程应用和试桩资料表明,桩径、桩长相同时,与传统管(方)桩相比,螺锁式异型管(方)桩的单桩竖向抗压极限承载力提高10%以上;竖向抗拔极限承载力一般提高30%以上。

本书所主要涉及的螺锁式无端板预应力混凝土异型管桩成套技术,经王复明院士领衔的鉴定专家组综合评定为:"该项目提出的螺锁式无端板预应力混凝土异型管桩具有承载力高、连接可靠、耐久性好、施工快捷和节能环保等特点,应用前景广阔。成果总体达到国际先进水平,其中管桩螺锁式机械连接装置达到国际领先水平。"同时获得经张建民院士领衔的鉴定专家组的综合评定:"该项目发明了预应力混凝土异型管桩和异型方桩,揭示了异型管桩的竖向承载机理及沉降特性,提出了异型管桩的竖向极限承载力和沉降计算公式,更充分发挥了桩身强度和土体强度的潜在能力;发明了螺锁式机械连接接头和纤维复合材料筋与预应力混合配筋桩,显著提高了预制桩的焊接接头质量和连接效率、接头抗腐蚀能力和桩身水平承载能力,经济效益明显。专家组一致认为,该成果总体达到国际先进水平,其中混合配筋异型桩和螺锁式机械连接装置的技术达到了国际领先水平。"

螺锁式异型桩产品2008年已经被列为全国建设行业科技成果推广项目,并相继被列为江苏省、广州市、浙江省建设科技成果推广项目。截至2020年12月,螺锁式异型桩已经在近2000个工程中得到应用,节约钢材6000万t,减少CO_2排放1.4亿t,合同金额达600亿元以上,综合效益显著。螺锁式异型桩的研发解决了桩基工程关键技术难题,推动了我国建筑地基基础行业的技术进步。今后,随着螺锁式异型桩应用范围的不断扩大,螺锁式异型桩的应用优势将更加凸显,应用前景广阔。

8.2 展望

螺锁式异型桩在工程应用领域已经取得了一定的成绩,在江苏、浙江、上海、安徽、山东、河北、辽宁、福建、湖北等省市地区都广泛应用,在公路、桥梁、港口码头、工业与民用建筑、机场、铁路等工程建设中发挥了积极的作用,成为桩基领域中一种重要的应用桩型。但是,技术的进步是无止境的,螺锁式异型桩应用领域未来发展主要体现在以下几个方面:

1)进一步开发固废材料在异型桩中的应用。我国工业废弃物回收利用率较低,且目前混凝土制品原价不断上涨,水泥在生产过程中造成严重的环境污染。钢渣、矿渣类的工业废弃物不仅可替代30%的水泥用量,还可以提高异型桩的耐久性和后期强度等,在一定程度上取得了较好的经济效益。

2)异型桩企业管理规范化、标准化。近年来,我国桩企业增量不少,但建厂设计不规范、生产装备规格不匹配,导致桩质量难以控制,稳定性参差不齐,容易造成工程事故。因此,应在源头上控制此类问题。新建厂家在建厂设计、生产管理上做到规范化和标准化是推进行业健康发展、提高桩产品质量的必要措施。

3)不断提高异型桩耐久性。混凝土结构因劣化而导致的安全问题引起人们的重视,尤其在地下工程及近海岸工程中,氯离子侵蚀导致钢筋锈蚀的问题不容小觑,工程中可通过改变养护方式、使用外加剂等方法提高异型桩耐久性。

4)余浆综合利用技术再开发。异型桩生产会产生大量废弃余浆,约占胶凝材料的5%～10%。余浆中含碱性物质,排放会给水土造成污染,处理的成本较高。由于原材料价格上涨，为了降低生产成本，余浆可回收再利用用于生产地砖、排水管、砌块等。

任何一种新型桩的理论均落后于实践，机械连接预应力混凝土异型桩的研究与应用，也是在实践基础上参照竹节桩的研究进行理论探索的。机械连接预应力混凝土异型桩在工程中的应用前景非常广泛，这就需要理论研究领域的更多发展。该领域亟待加强的研究如下：

1）加强机械连接预应力混凝土异型桩的室内模型试验和现场原位试验，进一步揭示其荷载传递机理。

2）加强机械连接预应力混凝土异型桩肋部尺寸的规范化、标准化。

3）加强机械连接预应力混凝土异型桩水平承载特性及其群桩效应的研究。

参 考 文 献

[1]　艾立涛. 南方沿海地区蒸压预应力高强混凝土管桩耐久性研究 [D]. 广州：华南理工大学，2013.

[2]　冯忠居. 大直径钻埋预应力混凝土空心桩承载性能的研究 [D]. 西安：长安大学，2003.

[3]　建设用卵石、碎石：GB/T 14685-2011 [S].

[4]　建设用砂：GB/T 14684-2011 [S].

[5]　预应力混凝土用钢棒：GB/T 5223.3-2017 [S].

[6]　低碳钢热轧圆盘条：GB/T 701-2008 [S].

[7]　混凝土外加剂：GB 8076-2008 [S].

[8]　黄敏，龚晓南. 带翼板预应力管桩承载性能的模拟分析 [J]. 土木工程学报，2005，38（2）：102-105.

[9]　俞峰，陆世英，张世民. 砂性土中桩端荷载沉降关系的模拟 [J]. 岩土工程学报，27（12），1425-1429，2005.

[10]　沈文水，严中铂，俞峰，应江远. 填海区内静力压桩的试验研究 [J]. 地基处理，2005，No.4，32-36.

[11]　Yang J，Tham L G，Lee P K K and Yu F. Observed performance of long steel H-piles jacked into sandy soils [J]. Journal of Geotechnical and Geoenvironmental Engineering，ASCE，2006，132（1）：24-35.

[12]　何友林，李龙，梁槟星，魏宜龄. PHC 管桩混凝土的耐久性能试验研究 [J]. 混凝土与水泥制品，2016（09）：29-32.

[13]　Yu F，He J Y，Zhang Z M. Current use of prestressed concrete pipe piles founded in silty geomaterials [J]. Advanced Materials Research，2011，Vols. 168-170，116-120.

[14]　Yu，F. Field tests on instrumented H-piles driven into dense sandy deposits [J]. Electronic Journal of Geotechnical Engineering，2009，14（A）：1-12.

[15]　Yu F，Yang J. Base capacity of open-ended steel pipe piles in sand [J]. Journal of Geotechnical and Geoenvironmental Engineering，ASCE，138（9），1116-1128，2012.

[16]　Liu J，Zhang Z，Yu F，Yang Q. Termination criteria for jacked precast high-strength prestressed concrete pipe piles [J]. ICE Geotechnical Engineering，2013，166（GE3）：268-279，.

[17]　柯宅邦. 海水对 PHC 管桩的腐蚀机理及其防治措施 [J]. 安徽建筑，2019，026（007）：162-163.

[18]　混凝土用水标准：JGJ 63-2006 [S].

[19]　梁槟星，何友林，李龙，等. PHC 管桩单面法兰防腐接头的研究 [J]. 混凝土与水泥制品，2012，（3）：26-28.

[20] 李双菅．腐蚀环境中混凝土桩基耐久性研究进展［J］．建筑安全，2019，（10）．

[21] 李正印，柯宅邦，刘东甲，等．低应变反射波法判别 PHC 管桩接头质量的研究［J］．岩土工程学报，2011，33（S2）：209-212.

[22] 路林海，韩帅，陈振兴，等．采用承插式桩接头的预制方桩受弯承载性能研究［J］．建筑结构学报，2018.

[23] 吕西林，朱伯龙．高层建筑中硫磺胶泥桩接头抗震性能研究［J］．同济大学学报：自然科学版，1991，19（1）：33-41.

[24] Ogura H，Yamagata K．A Theoretical Analysis on load-settlement behavior of nodular piles［J］．Journal of Structural and Construction Engineering（Transactions of AIJ），1988，393：152-164.

[25] Ogura H，Yamagata K，Kishida H．Study on bearing capacity of nodular cylinder pile by scaled model test［J］．Journal of Structural and Construction Engineering（Transactions of AIJ），1987，374：87-97.

[26] Ogura H，Yamagata K，Ohsugi F．Study on bearing capacity of nodular cylinder pile by full-scale test of jacked piles［J］．Journal of Structural and Construction Engineering（Transactions of AIJ），1988，386：66-77.

[27] 史桃开，徐攸在．新型桩—节桩承载力及抗液化特性［J］．工程抗震，1991，（2）．

[28] 史玉良．预制节桩的荷载试验及荷载传递性能分析［J］．工业建筑，1993，（7）：3-9.

[29] Shoda Daisuke．Analysis of ultimate bearing capacity for nodal base of pile with multi-stepped two diameters［C］．Proceedings of the Sixteenth International Offshore and Polar Engineering Conferenc，2007.

[30] S Yabuuchi，Geotop Corporation．Bearing mechanisms of muti-node piles［C］．The Proceedings of the International Offshore and Polar Engineering Conference，1994，vol 1：504-507.

[31] 汪加蔚，谢永江．混凝土结构腐蚀机理与 PHC 管桩的耐久性设计［J］．混凝土世界，2018，（06）：34-41.

[32] 王成启，周郁兵，张宜兵．免蒸养高耐久性 PHC 管桩的研究与应用［J］．混凝土与水泥制品，2017，（1）：39-42.

[33] 王丽莉，林东．PHC 桩碗形端头优化和应用［J］．中国水运（下半月），2019，19（7）：257-258.

[34] 吴锋，汪冬冬，时蓓玲，龚景海．后张法预应力混凝土大直径管桩耐久性与寿命预测研究［J］．土木工程学报，2016，49（03）：122-128.

[35] 吴锋，汪冬冬，时蓓铃，龚景海，富坤．后张法预应力混凝土大直径管桩耐久性退化分析［J］．上海交通大学学报，2016，50（01）：158-164.

[36] 徐铨彪，陈刚，贺景峰，等．复合配筋混凝土预制方桩接头抗弯性能试验［J］．浙江大学学报：工学版，2017（7）．

[37] 许璋珉．PHC 管桩接头处的加固处理［J］．建筑施工，2009（10）：861-863.

[38] 薛利俊，陈芳斌，杨牧，李斌斌．不同养护方式对混凝土管桩耐久性影响的试验与

分析 [J]. 江苏建材，2013 (06)：27-30.

[39] 杨帆，贺景峰，周清晖. 复合配筋混凝土预制方桩接头抗拉性能 [J]. 低温建筑技术，2017，039 (005)：72-75，81.

[40] 张季超，唐孟雄，马旭，等. 预应力混凝土管桩耐久性问题探讨 [J]. 岩土工程学报，2011，33 (sup2)：490-493.

[41] 张勇，梁津. 新型 U 型管桩接头的开发和研制 [C] // CNKI；WanFang，2007：83-85.

[42] 周家伟，王云飞，龚顺风，张爱晖，刘承斌，樊华. 弹卡式连接预应力混凝土方桩接头受弯性能研究 [J]. 建筑结构，2020，50 (13)：121-127＋133.

[43] 浙江省标准图集. 增强型预应力混凝土离心桩：2008 浙 G32 [S].

[44] Vesic A S. Tests on instrumented piles, Ogeechee River site [J], J. Soil Mech. Fndn. Eng., ASCE96 (SM2)，1970，561-584.

[45] Seed H B, Reese L C. The action of soft clay along friction piles [J]. Journal of Transportation Engineering，1957，vol. 122.

[46] Kezdi A. The bearing capacity of pile and pile groups [C]. Proceedings，4th International Conference on soil Mechanics and Foundation Engineering，London，1957，vol. 2：46-51.

[47] Coyle H M，Reese L C. Load transfer for axially loaded pile in clay [J]. Journal of the Soil Mechanics and Foundations Division，1966，92 (SM2)：1-26.

[48] Holloway D M. Load response of a pile group in sand [C]. 2nd International Conf. on Numerical Methods in Offshore Piling，1975.

[49] 朱百里，沈珠江，等. 计算土力学 [M]. 上海：上海科学技术出版社，1990.

[50] Hooper J A. Observation on the behavior of a piled-raft foundation on London clay [C]. Proc. Instu. Civ. Eng，1973，Part2：885-877.

[51] Desai C S. Numerical design-analysis for piles in sands [J]. J. Geotechn. Eng. Div，1974，Vol. 100，GT6，June，613-635.

[52] Ottaviani M. Three-dimensional finite element analysis of vertically loaded pile groups [J]. Geotechnique，1975，25 (2)：159-174.

[53] 陈雨孙，周红. 纯摩擦桩荷载-沉降曲线的拟合方法及其工作机理 [J]. 岩土工程学报，1987，9 (2)：49-60.

[54] 王炳龙. 用土的弹塑性模型和有限元法确定桩的荷载-沉降曲线 [J]. 上海铁道大学学报，1997，18 (1)：48-54.

[55] Trohanis A M，Beilak J，Christiano P. Three-dimensional nonlinear study of piles [J]. ASCE，1991，GT3：429-447.

[56] Poulos H G and Davis E H. Pile foundation analysis and design [M]. New York：Wily，1980.

[57] Poulos H G. Analysis of the settlement of pile groups [J]. Geotechnique，18 (3)：449-471.

[58] Cooke R W，Price G. Strains and displacement around friction piles [C]. Proc. 8th

ICSMFE, Moscow, 1973, Vol. 2: 53-60.

[59] 杨敏, 王树娟, 王伯钧, 等. 使用 Geddes 应力系数公式求解单桩沉降 [J]. 同济大学学报, 1997, 25 (4): 379-385.

[60] 杨敏, 赵锡宏. 分层土中的单桩分析法 [J]. 同济大学学报, 1992, 20 (4): 421-427.

[61] 周罡, 林荫. 用 Mindlin 应力解求单桩沉降的方法 [J]. 地下空间, 2001, 21 (3): 173-177.

[62] Mindlin R D. Force at point in the interior of a semiinfinite solid [J]. APPIPhys, 1936, Vol. 7, No. 5: 195-202.

[63] Geddes J D. Stresses in foundation soils due to vertical subsurface loading [J]. Geotechnique, 1966, Vol. 16: 231-255.

[64] 桩基工程手册编写委员会. 桩基工程手册 [M]. 北京: 中国建筑工业出版社, 1997.

[65] Ogura H, Yamagata K, Kishida H. Study on bearing capacity of nodular cylinder pile by scaled model test [J]. Journal of Structural and Construction Engineering (Transactions of AIJ), 1987, 374: 87-97.

[66] 杨敏, 等. 使用 Geddes 应力系数公式求解单桩沉降 [J]. 同济大学学报, 1997, 25 (4): 379-385.

[67] 先张法预应力混凝土管桩: GB 13476-2009 [S].

[68] 离心浇注高强度预应力混凝土桩: JIS A5337-1993 [S].

[69] 混凝土结构设计规范: GB 50010-2010 [S].

[70] Yang J, Tham L G, Lee P K K, Chan S T and Yu F. Behaviour of jacked and driven piles in sandy soil [J]. Géotechnique, 2006, 56 (4): 245-259.

[71] 张世民, 俞峰. 砂性土层中静压桩的荷载传递和承载力研究 [J]. 工业建筑, 2007, 37 (5): 72-76.

[72] 刘俊伟, 俞峰, 张忠苗. 沉桩方法对预制桩施工残余应力的影响 [J]. 天津大学学报 (自然科学版), 2012, 45 (6): 481-486.

[73] 钢结构焊接规范: GB 50661-2011 [S].

[74] 先张法预应力混凝土管桩用端板: JC/T 947-2014 [S].

[75] 碳素结构钢: GB/T 700-2006 [S].

[76] 通用硅酸盐水泥: GB 175-2007 [S].

[77] 先张法预应力混凝土管桩: GB/T 13476-2009 [S].

[78] 先张法预应力离心混凝土异型桩: GB/T 31039-2014 [S].

[79] 混凝土结构工程施工质量验收规范: GB 50204-2015 [S].

[80] 建筑地基基础工程施工质量验收标准: GB 50202-2018 [S].

[81] 混凝土物理力学性能试验方法标准: GB/T 50081-2019 [S].

[82] 建筑工程施工质量验收统一标准: GB 50300-2013 [S].